개정판

YouTube 동영상으로 완벽 마스터

주당 **김박사**와 함께 하는 **한눈에 쏙**

조주기능사 실기

YouTube 실습 동영상
QR 코드 제공

김지수 저

(주)백산출판사

PREFACE

칵테일이란 무엇일까요?

제가 처음 칵테일 바를 방문해서 마셔본 제 인생의 첫 칵테일은 "Long Island Iced Tea"라는 칵테일이었습니다.
분명 독한 술들을 사용해서 만들었는데, 왜 술 맛은 거의 느낄 수 없고 아이스 티와 같은 달콤하고 청량감 있는 맛이 나는 걸까? 분명 술인데 왜 내가 아는 그런 술들의 맛과는 다른 것일까?
그때부터 칵테일의 매력이 아닌 마력에 빠져들게 되었으며, 그 한 잔의 칵테일로 인해 바텐더라는 길을 걷게 되었습니다.
오랜 기간 동안 바텐더라는 직업으로 현업에서 충실하게 노력하였으며, 많은 후배들과 제자들을 양성하고 싶은 마음에 학업의 길로 제2의 인생을 걷게 되었습니다.

학교에서 칵테일과 조주기능사 그리고 칵테일 관련 다양한 특강과 강의를 하면서 많은 책들을 교재로 사용해 보았지만 대부분의 책들이 내용면에서 잘못된 부분이 많다는 것을 알게 되었습니다. 그리고 요즘은 인터넷과 SNS의 발달로 다양한 플랫폼에서 칵테일과 술을 소개하는 유튜버들이 많은데 잘못된 상식과 지식을 전달하는 유튜버들이 늘어나고 있는 추세입니다.

칵테일이란 것을 이 책 한 권에 담아 낼 수는 없지만, 이 책을 토대로 칵테일에 대한 올바른 지식을 보다 많은 사람들과 공유하고 싶었고, 학생부터 일반인들까지 칵테일에 관심이 있고 칵테일을 좋아하는 많은 분들이 국가공인 자격증인 조주기능사를 쉽게 취득하였으면 하는 바람으로 이 책을 집필하게 되었습니다.

이 책의 내용을 살펴보면 첫 번째, 조주기능사 실기 감독 경험과 업장 근무 경험을 토대로 조주기능사 취득에 필요한 가장 중요한 핵심만을 정리하였으며, 두 번째, 요즘 트렌드에 맞춰 복잡한 설명 대신 사진과 QR코드를 적용해 유튜브 동영상으로 언제든지 공부할 수 있도록 하였습니다. 세 번째, 그 외에 조주기능사 자격증 실기 문제뿐만 아니라 칵테일을 만들기 위해 필요한 여러 가지 기초 상식과 지식 그리고 와인을 공부하기 위해 필요한 기초 상식들을 정리해서 수록하였습니다.

제 인생 처음으로 책을 집필하면서 소중한 경험을 할 수 있었으며, 이 책이 완성되기까지 도와주신 계명대학교 대학원 관광경영학과 김영규 교수님, 조우제 교수님, 대한칵테일조주협회 이희수 회장님, 사진 촬영 및 여러모로 신경 써주신 박서우 교수님께 진심으로 감사드립니다. 그리고 출판할 수 있도록 도와주신 백산출판사 진욱상 사장님과 이경희 부장님, 편집부 관계자 분들에게도 진심으로 감사드립니다.
보다 많은 분들이 이 책을 토대로 칵테일에 대하여 기본적인 지식을 쌓았으면 하며 나아가 조주기능사 자격증을 취득하려는 많은 분들께 조금이나마 도움이 되는 책이었으면 하는 바람입니다.

CONTENTS

CHAPTER 1

실기를 위한 기초 상식

칵테일의 정의 및 분류 10

바텐더의 정의 및 분류 16

칵테일 기물 18

글라스의 종류 24

얼음의 종류 32

칵테일 기법 6가지 33

계량 단위 및 알코올 도수 계산법 37

조주기능사 40 레시피 관련 술들에 관하여 38

조주기능사 실기시험 문제 변경 현황 66

와인 관련 기초 상식 67

CHAPTER 2

10회 완성 조주기능사 실기 레시피 40가지

01 드라이 마티니 100
02 싱가포르 슬링 102
03 니그로니 104
04 애프리코트 106
05 맨해튼 108
06 브랜디알렉산더 110
07 그래스호퍼 112
08 롱아일랜드 아이스티 114
09 다이키리 116
10 바카디 118
11 쿠바 리브레 120
12 애플 마티니 122
13 블랙 러시안 124
14 러스티 네일 126
15 모스코뮬 128
16 테킬라 선라이즈 130
17 올드패션드 132
18 위스키 사워 134
19 뉴욕 136
20 프레시 레몬 스쿼시 138
21 진 피즈 140
22 시브리즈 142
23 코스모폴리탄 144
24 마가리타 146
25 사이드카 148
26 허니문 150
27 키르 152
28 풋사랑 154
29 금산 156
30 고창 158
31 힐링 160
32 진도 162
33 푸즈 카페 164
34 비-오십이 166
35 준벅 168
36 버진 프루트 펀치 170
37 마이-타이 172
38 피나 콜라다 174
39 블루 하와이안 176
40 불바디에 (2024년 추가품목) 178

- 칵테일의 정의 및 분류
- 바텐더의 정의 및 분류
- 칵테일 기물
- 글라스의 종류
- 얼음의 종류
- 칵테일 기법 6가지
- 계량 단위 및 알코올 도수 계산법
- 조주기능사 40 레시피 관련 술들에 관하여
- 조주기능사 실기시험 문제 변경 현황
- 와인 관련 기초 상식

CHAPTER 1

실기를 위한 기초 상식

칵테일의
정의 및 분류

1. 칵테일의 정의

▧ 칵테일이란 무엇인가 물어본다면...

- 칵테일은 술과 술, 술과 음료, 음료와 음료 등을 혼합한 후 기타 부재료(먹을 수 있는 모든 식음료 재료)를 넣어 마실 수 있도록 만든 새로운 음료의 탄생 또는 혁명이라 할 수 있다.
- 어떠한 재료를 사용하는지에 따라 무알코올 칵테일에서부터 맥주보다 낮은 저알코올 칵테일, 증류주보다 높은 고알코올 칵테일까지 다양한 도수의 알코올을 만들 수 있으며, 바텐더들의 역량에 따라 같은 칵테일이라도 다양한 변화를 줘서 새로운 스타일을 완성하는 음료의 예술이라고 할 수 있다.

2. 칵테일의 분류

▧ 용량에 따른 분류

1) 숏 드링크(Short Drink)

- 120ml(4oz) 미만 용량의 글라스에 제공되는 칵테일. 알코올의 도수가 높고 대부분 얼음 없이 제공된다.
- 보통 빠른 시간(10~15분) 사이에 마셔야 한다.

2) 롱 드링크(Long Drink)

- 120ml 이상 용량의 글라스에 제공되는 칵테일. 주스나 탄산 음료 등 여러 가지 부재료를 혼합해 만든 칵테일로 알코올 도수가 낮으며, 시간적 여유를 두고 마실 수 있지만 얼음이 녹기 전에 마시는 것이 좋다.

▧ 용도에 따른 분류

1) 식전 칵테일(Aperitif Cocktail)

- 식욕 촉진제 칵테일이라고도 하며, 식사 전에 입맛을 돋우기 위해 신맛 또는 쓴맛이 나는 칵테일이다.

2) 식후 칵테일(After Dinner Cocktail / Digestif Cocktail)

- 소화 촉진제 칵테일이라고도 하며, 소화를 돕기 위한 칵테일로 단맛이 강하다.

3) 올데이 칵테일(All-day Cocktail)

- 언제든지 마실 수 있는 칵테일로 신맛 또는 단맛이 주를 이룬다.

▧ 맛에 따른 분류

1) 드라이 칵테일(Dry Cocktail)

- 대부분 알코올 도수가 높은 증류주를 기주로 사용하며 드라이한 맛이 특징인 칵테일

2) 리프레싱 칵테일(Refreshing Cocktail)

- 레몬 주스 또는 라임 주스를 사용해 만든 신맛이 강한 칵테일

3) 프루트 칵테일(Fruit Cocktail)

- 과일을 원료로 하여 만든 리큐르와 여러 가지 과일주스 또는 과일을 첨가하여 만든 과일 맛이 강한 상큼한 칵테일

4) 스위트 칵테일(Sweet Cocktail)

- 달콤한 리큐르를 사용하여 만든 단맛이 강한 칵테일

5) 스무디 칵테일(Smoothie Cocktail)

- 냉동과일을 사용한 칵테일

6) 핫 칵테일(Hot Cocktail)

- 커피나 차와 같은 뜨거운 음료를 사용하여 만든 칵테일

▧ 서비스 스타일에 따른 분류

1) 플로팅(Floating) or 푸즈 카페(Pousse Cafe)

- 술과 음료의 비중을 이용해 서로 섞이지 않게 바 스푼을 사용해 층을 쌓아 만드는 칵테일

2) 프라페(Frappe)

- 프랑스어로 얼음을 넣어서 차갑게 한 음료를 뜻하며, 칵테일 글라스나 샴페인 소서형 글라스에 크러시드 얼음(Crushed Ice) 또는 셰이브드 얼음(Shaved Ice)을 가득 채워서 리큐르 종류를 따른 후 스트로(Straw)를 꽂아서 제공하며 차갑게 하여 마시는 칵테일

3) 프로즌(Frozen)

- 블렌더기(Blender)를 사용해 얼음과 모든 재료를 함께 갈아서 제공하는 칵테일

4) 스트레이트 업(Straight up)

- 셰이커 또는 믹싱 글라스에 얼음과 재료를 넣은 후 셰이킹 하거나 휘저어 차갑게 만든 뒤, 대개는 얼음을 걸러내고 글라스에 음료만 따라내는 칵테일

5) 온더락스(On the Rocks)

- 올드패션드 글라스(Old Fashioned Glass)에 얼음을 넣은 후 음료를 따라서 내놓는 칵테일

6) 하이 볼(High-Ball)

- 칵테일의 기본이 되는 것으로 만드는 과정이 가장 간편한 칵테일
- 하이볼 글라스에 위스키와 탄산음료만을 혼합하거나 증류주를 베이스로 물, 콜

라, 주스류, 토닉워터, 소다수 등을 혼합하여 만드는 모든 칵테일의 총칭
- 탄산이 글라스 아랫부분부터 림 부분까지 부풀어 오르기 때문에 하이볼이라 한다.

7) 코블러(Cobbler)

- 콜린스 글라스 또는 대형 텀블러 글라스에 크러시드 얼음(Crushed Ice)을 넣은 후 와인이나 증류주를 기주로 하여 시럽을 넣고 여러 가지 과일을 장식하여 만드는 칵테일

8) 콜린스(Collins)

- 영국에서 시작된 음료로 연회에 초대된 손님들에게 만들어 주는 방식으로 롱 드링크 칵테일

9) 쿨러(Cooler)

- 무더운 여름 갈증해소나 청량감을 느끼게 하는 음료로 콜린스와 비슷하며 롱 드링크 칵테일

10) 플립(Flip)

- 와인 또는 증류주에 계란 노른자와 설탕, 시럽 등을 첨가하여 만드는 방식으로 비린내를 제거하기 위해 만든 후 육두구(넛맥, Nutmeg)를 뿌린다.

11) 컵(Cup)

- 영국에서 만들어졌으며 축제나 파티 등에서 마시는 칵테일

12) 데이지(Daisy)

- 국화라는 의미로 증류주에 레몬 주스, 그레나딘 시럽 또는 리큐르를 첨가하여 글라스에 크러시드 아이스(Crushed Ice)를 넣고 과일로 장식하는 칵테일

13) 에그 녹(Egg Nog)

- 브랜디나 증류주에 계란과 우유 그리고 설탕을 첨가하여 만드는 칵테일로 크리스마스나 겨울철에 즐겨 마시는 칵테일

14) 피즈(Fizz)

- 탄산이 들어 있는 음료 등의 뚜껑을 열 때 생기는 “피식” 하는 소리의 의성어

- 증류주에 레몬 주스, 설탕을 넣고 셰이킹 한 후에 탄산음료를 넣어 마무리하는 칵테일
- 진 피즈가 대표적인 칵테일

15) **줄렙(Julep)**

- 위스키 베이스에 스피아 민트(Spearmint)와 설탕을 넣고 셰이킹 한 후 글라스에 크러시드 얼음(Crushed Ice)을 채워서 글라스 표면까지 차게 해서 마시는 칵테일
- 대표적인 칵테일로는 물약이라는 뜻의 민트 줄렙이 있다.

16) **사워(Sour)**

- 신맛이라는 뜻의 칵테일
- 대표적인 칵테일로는 위스키 사워, 미도리 사워가 있다.
- 위스키 사워는 위스키, 레몬 주스, 설탕 그리고 소다수(탄산수)를 첨가하여 만들며, 미도리 사워는 멜론 맛이 나는 리큐르에 스위트 사워와 스프라이트를 사용해서 만든다.
- 원래는 소다수를 사용하지 않는 것이 원칙이며 사워 글라스를 사용하고 과일 장식을 하는 유형의 칵테일

17) **리키(Rickey)**

- 여름에 즐겨 마시는 칵테일
- 일반적으로 증류주에다 보통 라임 주스와 소다수를 첨가해서 만들어진다.
- 설탕, 시럽 등을 사용하지 않아 상쾌한 신맛을 즐길 수 있으며, 드라이한 맛과 신맛을 즐길 수 있는 것이 특징이다.
- 다이어트 칵테일이라 할 수 있다.

18) **슬링(Sling)**

- 피즈(Fizz)와 만드는 방법이 비슷하지만 용량이 더 많고 리큐르를 첨가하여 맛을 부드럽게 한 것이 특징인 칵테일. 과일장식을 한다.

19) **펀치(Punch)**

- 파티장에서 많이 음용하는 칵테일

- 대형 볼에 술, 과일, 주스, 설탕, 탄산음료 등을 혼합하여 주먹만 한 크기의 얼음(Lump Ice)을 띄워 놓고 함께 떠서 마시는 칵테일

20) 토디(Toddy)

- 토디 글라스에 위스키와 설탕을 넣고 뜨거운 물로 채워서 만드는 칵테일
- 레몬이나 정향, 계피를 넣어서 만들기도 한다.
- 대표되는 칵테일로 핫 토디라는 칵테일이 있다.

21) 미스트(Mist)

- 프라페와 만드는 방법이 비슷하지만 주로 위스키 등의 증류주를 사용하여 만드는 칵테일

22) 트로피칼(Tropical)

- 열대 과일을 사용하여 만드는 칵테일
- 더위와 갈증을 해소시켜주며 여름에 시원하게 마시는 여름용 과일 칵테일이라고 할 수 있다.
- 준벅, 피나 콜라다 등이 대표되는 칵테일

바텐더의
정의 및 분류

1. 바텐더의 정의 및 분류

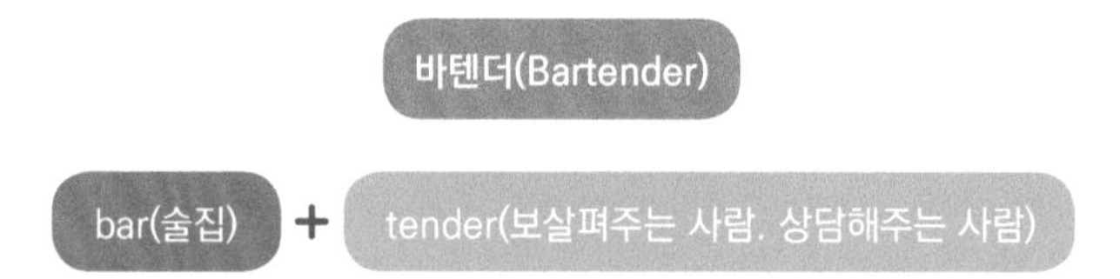

바에서 칵테일이나 다양한 음료를 제공해주고 고객의 말을 경청하며 고객의 기분을 풀어주는 밤의 상담가라고 할 수 있다.

1) 클래식 바텐더(Classic Bartender)

– 보 넥타이와 흰 와이셔츠에 조끼 또는 정장차림을 하고 근무하는 바텐더로서, 전통을 중시하는 바나 호텔에서 근무하는 바텐더를 일컫는 말

2) 믹솔로지스트(Mixologist)

– Mix(혼합하다)와 Ologist(학자)라는 두 단어의 합성어로 미국 금주법 시대 때 생겨난 바텐더로서, 음료를 혼합하여 새로운 칵테일을 만드는 칵테일 분야의 학자로 일컫는 말

3) 플레어 바텐더(Flair Bartender)

– 사전적 의미 : Flair[fl'er]

① 천부적인 재능

② 예리한 안식 육감

– 웨스턴 문화 중심의 자유로운 분위기를 추구하고 여러 가지 이벤트와 불쇼를 하고 병을 돌리는 등의 화려한 칵테일쇼를 하는 바텐더를 일컫는 말

2. 바텐더(Bartender) 자격증 또는 면허

한국산업인력공단에서 시행하는 국가 공인 자격증

“조주기능사 자격증”

칵테일 기물

바(BAR) 셰이커(Shaker)

❶ 보스턴 셰이커(Boston Shaker)

- 19세기 중반에 미국에서 바를 개척한 사람들이 사용한 최초의 셰이커
- 믹싱 글라스로 사용할 수 있는 큰 유리잔과 윗부분 지름이 유리잔보다 큰 금속 잔(틴)으로 구성
- 주로 플레어 바텐더들이 많이 사용하는 셰이커

❷ 스탠더드 셰이커(Standard Shaker)

- 19세기 말에 나타나 지금까지 쓰이는 셰이커
- 캡(Cap), 스트레이너(Strainer), 보디(Body)가 합체된 것이 특징
- 클래식 바텐더들이 많이 사용하는 셰이커

▧ 바(Bar) 도구(Tool)

❶ 믹싱 글라스(Mixing Glass)

- 칵테일 만드는 방법 중 "스터(Stir)법"에 많이 쓰이는 도구

❷ 스퀴저(Squeezer)

- 레몬이나 오렌지 라임의 즙을 짤 때 사용하는 바 도구

❸ 바 스푼(Bar Spoon)

- 칵테일을 만드는 방법 중 스터(Stir)법, 빌드(Build)법, 플로트(Float)법에 많이 사용
- 다양한 길이의 바 스푼이 있음

❹ 메저 컵/지거 컵(Measure Cup/Jigger Cup)

- 칵테일을 만들 때 재료(음료)의 양을 잴 때 사용하는 도구
- 작은 부분을 "포니(Pony, 30ml)", 큰 부분을 "지거(Jigger, 45ml)"라고 한다.

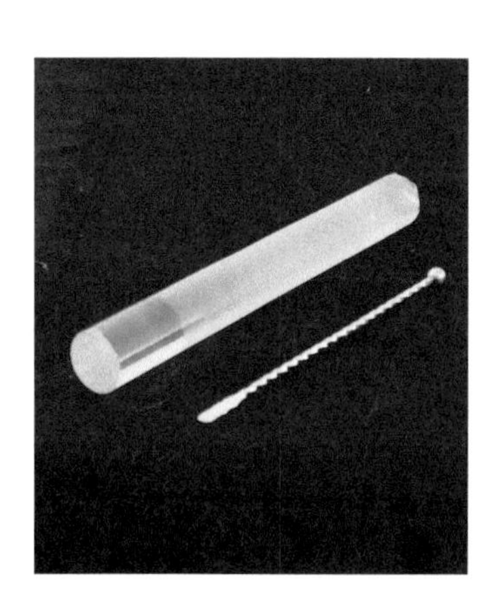

❺ 머들러(Muddler)

- 롱 드링크(Long Drink) 종류의 칵테일을 저을 때 사용하는 긴 막대기로 글라스 안에 들어 있음
- 과일이나 설탕 등을 으깰 때 사용하는 긴 막대기(대표적인 칵테일 : 모히토)

❻ 아이스 페일(Ice Paill)

- 얼음을 담는 도구
- 아이스 버켓(Ice Basket)이라고도 부른다.

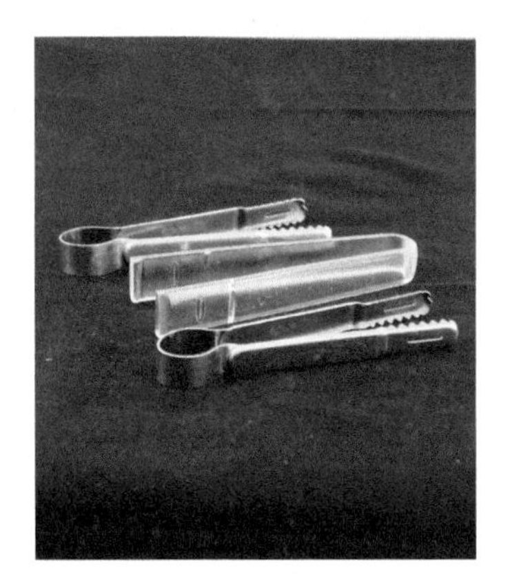

❼ 아이스 텅(Ice Tongs)

- 얼음 집게

❽ 아이스 픽(Ice Pick)

- 덩어리 얼음을 잘게 깰 때 사용하는 송곳과 비슷한 도구

❾ 코스터(Coaster)

- 칵테일을 손님에게 내놓을 때 사용되는 글라스 받침
- 수분 흡수, 소리 방지용
- 업장이나 다양한 주류회사를 광고, 홍보하는 역할

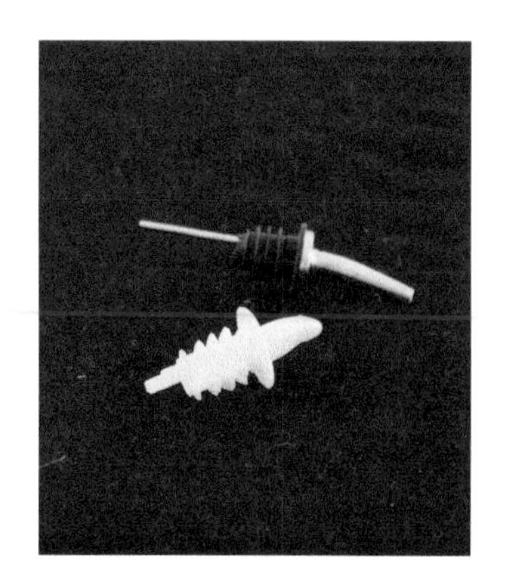

⑩ 포어러(Pourer)

- 술의 양을 조절하거나 손실을 방지하기 위해 병 입구에 부착하는 도구

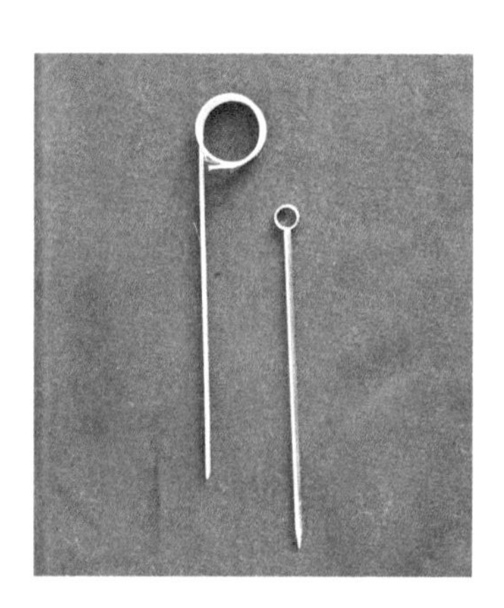

⑪ 칵테일 픽(Cocktail Pick)

- 칵테일에서 여러 가지 과일 또는 재료들을 끼워 장식할 때 사용
- "칵테일 핀(Cocktail Pin)", "가니시 픽(Garnish Pic)"이라고도 한다.

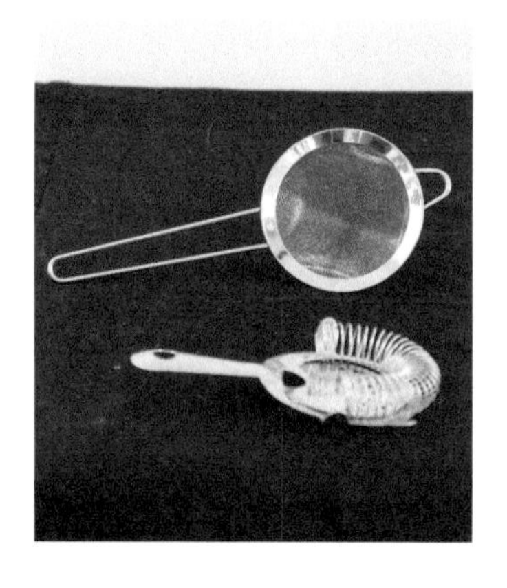

⑫ 스트레이너(Strainer)

- 얼음을 걸러주는 도구

⑬ 플레어 바틀(Flair Bottle)

- 플레어 바텐더들이 병을 돌리는 연습을 할 때 사용하는 연습용 바틀

글라스의 종류

글라스는 크게 스템(Stem)이 있는 스템(고블릿:Goblet) 계열과 스템(Stem)이 없는 텀블러(Tumbler) 계열로 나뉘어 진다.
글라스의 모양에 따라 다양한 이름이 있기 때문에 글라스의 이름은 반드시 숙지해야 한다.

▧ 글라스 부위별 명칭

▧ 글라스 분류(텀블러 계열)

❶ 위스키 글라스(Whisky Glass)

샷 글라스(Shot Glass)

스트레이트 글라스(Straight Glass)

- 스트레이트로 마실 때 제공되는 글라스
- 보통 용량은 30ml 정도

❷ 더블 샷 글라스(Double Shot Glass)

슬래머 글라스(Slammer Glass)

- 테킬라 슬래머라는 칵테일을 마실 때 사용되는 글라스
- 더블 용량은 60ml 정도

❸ 올드패션드 글라스(Old Fashioned Glass)

온더(언더) 락스(On the Rocks)

락 글라스(Rock Glass)

- 니그로니, 블랙러시안, 러스티네일, 올드패션드라는 칵테일을 만들 때 사용되는 글라스
- 알코올 도수가 높은 칵테일이나 위스키 등을 마실 때 얼음과 함께 사용되며 고전적이고 클래식한 스타일의 글라스

❹ 텀블러 글라스(Tumbler Glass)
하이볼 글라스(Highball Glass)

- 쿠바 리브레, 모스코뮬, 진 피즈, 시브리즈, 프레시 레몬 스쿼시 등의 칵테일을 만들 때 사용되는 글라스
- 글라스의 용량은 보통 6~10oz 정도
- 용량이 더 큰 "톰 콜린스 글라스(Tom Collins Glass)"도 있음(12oz 정도)

❺ 콜린스 글라스(Collins Glass)
톨 글라스(Tall Glass)

- 롱아일랜드 아이스티, 준벅 칵테일을 만들 때 사용되는 글라스
- 롱 드링크 음료를 제공할 때 가장 많이 사용되는 글라스

▧ 글라스 분류(스템(고블릿) 계열)

❶ 고블릿 글라스(Goblet Glass)

- 텀블러에 짧은 다리가 달려 있는 글라스
- 물잔으로 많이 사용

❷ 칵테일 글라스(Cocktail Glass)

마티니 글라스(Martini Glass)

- 드라이 마티니, 애프리코트, 맨해튼, 브랜디알렉산더, 다이키리, 바카디, 애플 마티니, 뉴욕, 코스모폴리탄, 마가리타, 사이드카, 허니문, 풋사랑, 금산, 힐링, 진도 칵테일을 만들 때 사용되는 글라스
- 숏 드링크 음료를 제공할 때 가장 많이 사용되는 글라스

❸ 리큐르 글라스(Liqueur Glass)

코디얼 글라스(Cordial Glass)

- 리큐르를 마실 때 사용되는 글라스
- 스템이 있는 스트레이트 글라스
- 칵테일 “푸즈 카페”를 만들 때 사용되는 글라스
- 용량은 보통 30ml가 일반적

❹ 셰리 글라스(Sherry Wine Glass)

- 스페인의 셰리 와인을 마실 때에 사용하는 다리가 있는 글라스
- 스트레이트로 술을 즐길 때도 사용된다.
- 비-오십이 칵테일을 만들 때 사용되는 글라스

❺ 화이트 와인 글라스(White Wine Glass)

- 표준 용량은 150~210ml 정도
- 레드 와인 글라스보다 작다.

❻ 레드 와인 글라스(Red Wine Glass)

- 화이트 와인 글라스에 비해 용량이 크다.
- 지역에 따라 포도 품종에 따라 다양한 종류의 글라스가 사용되고 있다.

❼ 샴페인 소서형 글라스(Champagne Saucer Glass)

- 용량은 보통 120~150ml 정도
- 축하주로서 파티에서 많이 사용
- 그래스호퍼 칵테일을 만들 때 사용되는 글라스

❽ 샴페인 플루트형 글라스(Champagne Flute Glass)

- 용량은 보통 120~150ml 정도
- 식사용으로 사용되는 글라스
- 고창 칵테일을 만들 때 사용되는 글라스

❾ 브랜디 글라스(Brandy Glass) 스니퍼(Snifter)

- 볼(Bowl) 부분이 넓고 글라스의 입구가 좁은 튤립 모양
- 보통 용량은 240~300ml(더 큰 글라스도 있음).
- 글라스의 크기와 관계없이 1온스(30ml) 정도 따르는 것이 일반적

❿ 사워 글라스(Sour Glass)

- 위스키 사워 등 신맛이 나는 사워 계열의 칵테일을 만들 때 사용
- 샴페인 플루트 형보다 두께가 두껍고 크기가 작다.
- 용량은 보통 120ml 정도
- 위스키 사워 칵테일을 만들 때 사용되는 글라스

⓫ 토디 글라스(Toddy Glass)

- 칵테일을 만들 때 사용
- 핫 토디 칵테일을 만들 때 사용되는 글라스
- 용량은 약 250ml 정도

⓬ 필스너 글라스(Pilsner Glass)

- 맥주 전용 글라스
- 스템이 있는 필스너와 스템이 없는 필스너 두 종류가 있다.
- 싱가포르 슬링, 테킬라 선라이즈, 버진 푸르트 펀치, 마이-타이, 피나 콜라다, 블루 하와이안 칵테일을 만들 때 사용되는 글라스

⑬ 마가리타 글라스(Margarita Glass)

- 원래 마가리타 칵테일을 만들 때 사용되는 글라스
  (조주 기능사에선 칵테일 글라스 사용)
- 다양한 용량의 글라스가 있다.

⑭ 포코 그란데 글라스(Poco grande Glass)
튤립 글라스(Tulip Glass)

- 롱 드링크 칵테일을 만들 때 많이 사용
- 다양한 용량의 글라스가 있다.

얼음의 종류

1) 블록 오브 아이스(Block of Ice)

약 1kg 이상 되는 커다란 얼음(아이스 픽을 사용하여 다양한 크기의 얼음으로 조각하여 사용)

2) 럼 오브 아이스(Lump of Ice)

블록 오브 아이스를 주먹만 한 크기의 얼음으로 조각하여 만든 얼음이며, 올드패션드 계열 칵테일이나 올드패션드 글라스를 위스키와 함께 제공할 때 사용

3) 크랙크드 아이스(Cracked of Ice)

아이스 픽을 사용하여 깬 큐브드 아이스 크기의 얼음
(제빙기가 준비되지 않은 장소에서 칵테일을 만들 때 사용하는 얼음)

4) 큐브드 아이스(Cubed Ice)

제빙기에서 나오는 일정한 크기의 얼린 각 얼음(보통 3cm 정도의 정육면체의 모양)

5) 크러시드 아이스(Crushed Ice)

큐브드 아이스보다 작은 상태의 얼음(프라페 스타일(Frappe Style) 등의 칵테일을 만들 때 사용)

6) 셰이브드 아이스(Shaved Ice)

크러시드 아이스보다 좀 더 미세한 가루 얼음(프라페 스타일(Frappe Style) 등의 칵테일을 만들 때 사용)

칵테일 기법 6가지

❶ 셰이커(Shake)법 = 셰이킹(Shaking)

- "스탠더드 셰이커"나 "보스턴 셰이커"를 이용하여 흔들어서(Shake) 만드는 방법
- 가장 기본이 되며 가장 많이 사용되고 시각적으로 화려한 방법

❷ 스터(Stir)법 = 스터링(Stirring)

- 믹싱 글라스(Mixing Glass)와 바 스푼(Bar Spoon)을 사용하여 섞거나 저어 주는 방법

❸ 빌드(Build)법 = 빌딩법(Building)

- 제공되는 글라스에 직접 재료를 넣어서 만드는 방법

❹ 플로트(Float) = 플로팅(Floating)

- 술이나 재료의 비중 차이를 이용하여 섞이지 않게 층을 내면서 띄우는 방법
- 푸즈 카페(Pousse Café) 스타일의 칵테일을 만들 때 사용
- 슈터(Shooter) 칵테일이라고도 함

(* 슈터란 1온스 분량의 스트레이트 글라스를 이용하여 만드는 칵테일의 총칭)

❺ 블렌드(Blend)법 = 블렌딩(Blending)

- 전기 믹서기를 이용하여 얼음과 함께 재료를 넣어서 만드는 방법

❻ 머들링(Muddling)

- 허브나 과일 등을 으깨는 방법
- 모히토 칵테일이 대표

계량 단위 및 알코올 도수 계산법

❶ 1 대시(Dash) = 1ml = 5~6drop(방울)

❷ 1 티스푼(Tsp) = 5ml

❸ 1 포니(Pony) = 1온스(OZ) = 30ml

❹ 1 지거(Jigger) = 1 1/2oz = 45ml

▧ 공식 1. 셰이커 & 스터법

$$\frac{(\text{알코올 도수(\%)} \times \text{재료의 용량(ml)}) + (\text{알코올 도수(\%)} \times \text{재료의 용량(ml)}) + \cdots}{\text{칵테일 재료의 총량} + \text{얼음이 녹는 양(10ml)}}$$

▧ 공식 2. 빌드법

$$\frac{(\text{알코올 도수(\%)} \times \text{재료의 용량(ml)}) + (\text{알코올 도수(\%)} \times \text{재료의 용량(ml)}) + \cdots}{\text{칵테일 재료의 총량}}$$

조주기능사
40 레시피 관련 술들에 관하여

▧ 술(酒, Alcoholic)의 정의

우리나라 주세법상 알코올 성분을 1% 이상 함유한 음료를 술이라고 말한다.
또한 95도 이상의 에틸알코올을 주정(酒精)이라 하며, 곡물 주정은 곡물을 원료로 한 주정으로서 85도 이상 90도 이하의 에틸알코올을 말한다.
우리나라에서 알코올분 분류를 살펴보면 탁주의 알코올분은 3도 이상, 약주의 알코올분은 13도 이하, 청주의 알코올분은 14도 이상 25도 미만이다.
일반적으로 주정(酒精)은 물로 희석하여 음료로 만들어 마시는데 이때 사용되는 에틸알코올(사람이 마셔도 무해한 알코올)을 말한다.

효모(Yeast) + 당분 = 에틸알코올, 이산화탄소
(16~17g의 설탕이 1%의 알코올을 만든다)

포도당(C6H12O6)/설탕(C12H22O11) ==== 에틸알코올(C2H5OH) + 이산화탄소(CO2)

▧ 알코올성 음료(Alcoholic Beverages)

양조주 **(Fermented Liquor)**	맥주, 막걸리, 와인
증류주 **(Distilled Liquor)**	1.위스키(WHISKY / WHISKEY), 2.브랜디 (BRANDY), 3.보드카(VODKA), 4.진(GIN), 5.럼(Rum), 6.테킬라(TEQUILA)
혼성주 **(Compounded Liquor)**	리큐르(Liqueur)

▧ 비알코올성 음료(Non-Alcoholic Beverages)

청량음료 **(Soft Drink)**	탄산 음료 / 비탄산 음료
영양음료 **(Nutritious)**	과일주스 / 야채주스 / 우유(살균, 미살균)
기호음료 **(Fancy Taste)**	커피 / 차
전통음료	식혜(단술) / 수정과 / 기능성 음료(비타민 음료, 이온음료)

▧ 술의 제조 방법에 따른 분류

1) 양조주 or 발효주(Fermented Liquor)

- 양조주 발효주

- 곡류나 과일(실)을 사용하여 발효시켜 만든 술을 말한다.
- 대표되는 술로 맥주, 와인, 막걸리가 있다.
- 맥주는 맥아(보리), 홉, 효모(Yeast), 물을 사용하여 만들고, 막걸리는 쌀, 누룩, 효모, 물을 사용하여 만들며, 와인은 순수한 포도즙과 효모만을 사용하여 만든다.
- 알코올 함유량은 보통 1~18% 정도로 낮다.
- 와인과 같은 과일(실)을 사용하여 만드는 발효주는 과일(실) 자체에 당분이 있기 때문에 발효과정을 통해 술이 만들어지지만, 맥주나 막걸리와 같은 곡물을 사용하여 만드는 발효주는 곡물 자체에 당분이 없어서 당화라는 과정을 거쳐

발효과정을 통해서 술이 만들어진다.

2) 증류주(Distilled Liquor)

- 발효주를 증류하여 만든 알코올 도수가 높은 술을 말한다.
- 알코올(78℃)과 물(100℃)의 끓는점의 차이를 이용하여 만들어진 고농도의 알코올을 함유한 술을 말한다.
- 증류주의 증류방법은 단식 증류(Pot Still)와 연속식 증류(Patent Still)가 있다.
- 단식 증류는 원료의 맛과 향이 유지되지만 연속식 증류는 대량 생산이 가능한 대신 원료의 주요 성분을 잃게 된다.
- 일반적으로 맥주를 증류하면 위스키가 되고, 와인을 증류하면 브랜디가 된다.

▧ 6대 증류주

1) 위스키(Whisky/Whiskey)

- 위스키는 증류주에 속하며 보리(Barley), 호밀(Rye), 밀(Wheat), 옥수수(Corn) 등의 곡류를 주원료로 하여 발효 후 증류시킨 술을 다시 오크(Oak)통에서 저장 · 숙성하여 만든 술을 말한다.
- 위스키는 십자군 전쟁 때 아랍의 연금술사들로부터 증류기술을 전수받은 가톨릭 수사(修士:수도원에서 신앙생활을 하는 독신의 수도사)들에 의해 발전하였다. 영국의 에일 맥주를 증류하여 만든 알코올에서 스코틀랜드 겔릭어로 '생명의 물'이라는 뜻의 '우스게바(Usquebaugh)'가 파생되어 오늘날의 위스키가 되었다.
- 대표적으로 스코틀랜드의 스카치 위스키, 아일랜드의 아이리시 위스키, 미국의 아메리칸 위스키, 캐나다의 캐나디안 위스키, 일본의 재패니스 위스키가 유명하다.
- 싱글 몰트 위스키에는 폴리페놀 성분이 함유되어 있으며, 동맥경화, 피부미용, 심장병 예방 등의 효과가 있다. 매일 한 잔 정도 마신다면 활성산소를 제거하는 폴리페놀에 의해 노화방지에도 효과를 주지만 무리한 음주는 결국 알코올 중독자가 되거나 간경화 또는 간암을 일으킬 수 있기 때문에 조심해서 마셔야 한다.

(1) 스카치 위스키(Scotch Whisky)

- 영국 북부의 스코틀랜드에서 생산되는 위스키이며 현지 오크통(캐스크)에서 최소 3년은 숙성해야 한다.

- 스코틀랜드의 스카치 위스키는 크게 몰트 위스키, 그레인 위스키, 블렌디드 위스키로 분류된다.

● 싱글 몰트 위스키(Single Malt Whisky)

- 보리(맥아) 즉 몰트를 원료로 단식 증류기법을 사용해서 두 번 증류해서 만들며 최소 3년은 오크통(캐스크)에서 숙성해야 한다.
- 한 증류소에서 나오는 몰트 원액만을 사용한 것을 싱글 몰트 위스키라고 하며, 지역마다 독특한 스타일의 맛과 향을 지니고 있다.
- 몰트 위스키 6대 산지로는 스페이사이드(Speyside), 하이랜드(Highland), 로우랜드(Lowland), 캠벨타운(Campbeltown), 아일라(Islay)섬, 아일랜드(Island)가 있다.

● 그레인 위스키(Grain Whisky)

- 다양한 곡물들(호밀, 밀, 옥수수 등)을 증류한 위스키로 주로 블렌디드 위스키 제조를 위해 생산된다.

● 블렌디드 위스키(Blended Whisky)

- 몰트 위스키와 그레인 위스키를 혼합하여 만든 것이 블렌디드 위스키이며, 조니워커 시리즈나 발렌타인 시리즈 등이 대표되는 블렌디드 위스키이다.
- 누구나 부담 없이 마실 수 있게 만든 대중적인 위스키

(2) 아이리시 위스키(Irish Whiskey)

- 영국의 서쪽에 위치한 아일랜드에서 생산되는 위스키를 말한다.
- 위스키의 발상지이다.
- 스코틀랜드와 달리 피트 탄을 사용하지 않고 석탄을 사용하여 보리(맥아), 곡물 등을 건조하며 단식 증류기로 3회 증류하고 3년 동안 숙성한 위스키
- 스카치 위스키와 달리 가벼운 느낌을 주는 위스키
- 칵테일 아이리시 카밤과 아이리시 커피를 만들 때 사용된다.
- 아일랜드의 아이리시 위스키는 크게 스트레이트, 그레인, 블렌디드로 분류된다.

● 스트레이트 위스키(Straight Whiskey)

- 보리(맥아)를 원료로 발효시켜 단식 증류기로 3회 증류하여 3년 이상 오크통에서 숙성한다.

- 석탄으로 맥아를 건조하기 때문에 피트를 사용하는 스코틀랜드의 위스키보다 보리(맥아)의 풍미와 향미가 더 강하게 느껴지는 위스키

● 그레인 위스키(Grain Whiskey)

- 옥수수를 주원료로 발효하여 단식 증류기가 아닌 연속식 증류기로 증류하여 만든 위스키
- 블렌디드 위스키를 만들 때 사용되며 가벼운 맛의 위스키

● 블렌디드 위스키(Blended Whiskey)

- 스트레이트 위스키와 그레인 위스키를 혼합하여 만든 위스키
- 대부분의 위스키가 블렌디드 위스키이다.

(3) 아메리칸 위스키(American Whiskey)

- 미국에서 생산되는 위스키를 말한다.
- 옥수수, 호밀, 밀, 보리 등의 곡물을 발효한 뒤 증류하여 최소 2년 이상 숙성 한다. 곡물에 따라 버번이나 라이 위스키로 구분되며 지역으로는 버번 위스키와 테네시 위스키가 있다.
- 아메리칸 위스키는 크게 스트레이트, 블렌디드, 라이트 위스키로 분류된다.

● 스트레이트 버번 위스키(Straight Bourbon Whiskey)

- 옥수수가 주를 이루는 위스키를 말하며 함량은 옥수수 51% 이상 80% 미만이다.
- 스트레이트 버번은 미국 버번 지역에서만 생산된다.
- 2~3회 증류를 마친 후에 오크통(캐스크)에서 최소한 2년은 숙성해야 된다.

● 스트레이트 라이 위스키(Straight Bourbon Whiskey)

- 라이(Rye, 호밀)를 주원료로 하여 만든 위스키이며 호밀의 함량은 51% 이상이다.
- 스트레이트 버번 위스키와 같은 과정으로 만든다.

● 스트레이트 콘 위스키(Straight Corn Whiskey)

- 옥수수(Corn)을 주원료로 하여 만든 위스키이며 옥수수의 함량은 80% 이상이다.

● 스트레이트 테네시 위스키(Straight Tennessee Whiskey)

– 테네시주에서만 생산되는 이 위스키는 옥수수를 주원료로 하고 혼합 곡물로 만든다.

● 블렌디드 위스키(Blended Whiskey)

– 스트레이트 위스키 20%와 기타 중성 알코올을 혼합하여 만든 대중적인 위스키

– 스트레이트 버번 위스키(20%)에 중성 알코올 80%를 혼합한 버번 위스키(Bourbon Whiskey)와 스트레이트 라이 위스키(20%)에 중성 알코올 80%를 혼합한 라이 위스키(Rye Whiskey), 스트레이트 콘 위스키(20%)에 중성 알코올 80%를 혼합한 콘 위스키(Corn Whiskey)로 분류된다.

● 라이트 위스키(Light Whiskey)

– 안쪽을 태우지 않은 오크통(캐스크)에 숙성한 위스키로, 가볍고 부드러운 맛을 지닌 위스키

(스코틀랜드나 캐나다 등에서 만든 위스키는 "Whisky"라고 알파벳 "e"를 사용하지 않으며, 아일랜드나 미국에서 만든 위스키는 "Whiskey"라고 알파벳 "e"를 사용한다.)

2) 브랜디(Brandy)

– 포도 및 모든 과일(실)을 발효 · 증류시켜 만든 강한 알코올성 음료의 총칭이다.

– 구운 와인이라고도 하며 한 병을 만드는 데 보통 7kg의 와인이 필요하다.

– 와인 한 병을 만드는 데에는 포도 1kg이 필요하다.

– 프랑스어로 생명의 물 "오드비(Eau de Vie)"라 불리며, 불사의 영약으로 판매되었다.

● 코냑(Cognac)

– 프랑스 코냐크 지방에서 생산되는 브랜디의 총칭

– 프랑스 대표 와인 산지 중 하나인 보르도의 북쪽 지방에 위치

– 네델란드의 무역선들이 코냐크(Cognac) 지방의 와인을 본국과 영국에 대량으로 수출하면서 크게 발전하였다.

– 네델란드인들이 와인을 증류하는 기술을 전수하였다.

코냑 등급

- ▶ Extra 75년 이상
- ▶ X.O (Extra Old) 40~45년
- ▶ V.S.O.P (Very Superior Old Pale) 25~30년
- ▶ V.S.O (Very Superior(Special) Old) 15~20년
- ▶ V.O (Very Old) 10년 이상

● 아르마냑(Armagnac)

– 프랑스의 아르마냐크 지방에서 생산되는 브랜디의 총칭

– 프랑스 대표 와인 산지 중 하나인 보르도의 남쪽 지방에 위치

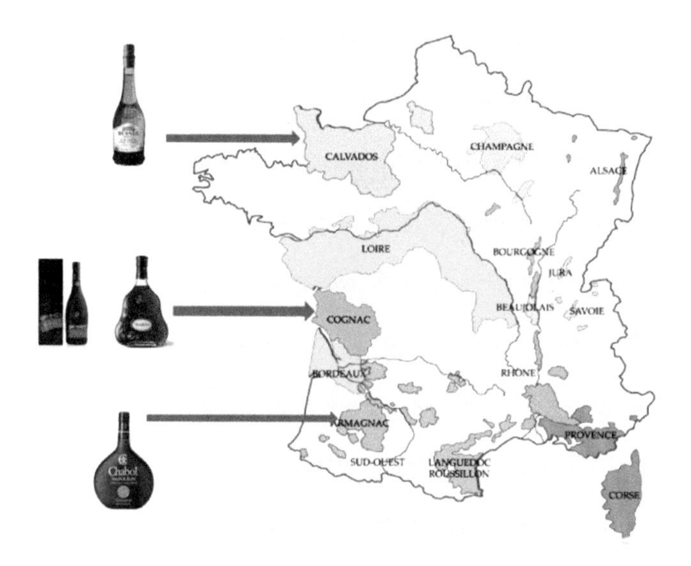

● 칼바도스(Calvados)

– 프랑스 노르망디 칼바도스 지역에서 생산되는 사과를 원료로 하여 만든 브랜디

● 피스코(Pisco)

– 화이트 와인으로 만든 칠레와 페루의 피스코시에서 생산되는 전통 브랜디

● 키르슈(Kirsch)

– 독일, 프랑스, 스위스에서 생산되는 체리를 원료로 만든 브랜디

3) 보드카(Vodka)

– 감자와 보리, 호밀, 옥수수, 귀리, 등의 곡류 등을 사용하여 발효 · 증류한 러시아의 국민주
– 보드카는 러시아어로 물(вода)이란 단어에서 유래되었으며 "생명의 물(Zhiezen-niz Voda)"로 불리었다.
– 무색, 무미, 무취의 특징이 있어서 칵테일 바에서 기주로 가장 많이 사용되는 증류주이다.
– 프랑스의 시락(Ciroc) 보드카는 포도를 사용하여 만든 보드카이다.
– 여성은 하루에 한 잔, 남성은 하루에 두 잔을 마셔주면 심장병과 뇌졸중을 예방하고 스트레스 레벨을 낮춰준다는 Journal of Psychopharmacology의 연구 결과가 있다. 뉴욕 주립대학에서는 감기나 두통 그리고 몸살에도 빠른 회복에 도움을 준다고 하였고, 시카고 로욜라 의과 대학에서는 알츠 하이머병 예방에 효과가 있다고 하였다.
– 겨울에 추위를 이겨내기 위해 마시기 시작한 술이다.

4) 진(Gin)

– 곡물을 주원료로 하여 발효 · 증류한 주정(Spirit)에 노간주나무의 주니퍼베리(Ju-niper Berry, 두송자(杜松子) /두송실(杜松實))와 향료 식물을 첨가하여 다시 한 번 더 증류하여 만든 무색 투명하고 상쾌한 향이 있는 증류주이다.
– 17세기 중엽 네델란드 라이덴 대학의 과학자이자 의학교수인 "실비우스(Dr. Syl-vius, 1614~1672) 박사"에 의해 1650년 열대병 환자의 치료용으로 만들어진 의약품이었으나 주니퍼베리의 독특하고 상쾌한 향 때문에 일반 술로도 마시기 시작하였다.
– 진은 크게 연속식 증류기를 사용하고 주니퍼베리와 다른 여러 가지 재료를 넣어 만드는 영국의 "런던 드라이 진(London Dry Gin)"과 단식 증류기를 사용하고 주니퍼베리만을 사용하는 네델란드 "예네버르(주네바)(Genever)"로 나뉜다.
– 칵테일용으로는 런던 드라이진을 사용하며 예네버르(주네바)는 향이 강해 칵테일

용으로는 잘 사용하지 않는다.

5) 럼(Rum)

- 해적의 술이라고도 불리는 럼의 원산지는 카리브해 서인도 제도이며 "사탕수수"를 주원료로 하여 발효 · 증류시켜 만든 증류주이다.
- 어니스트 밀러 헤밍웨이(Ernest Miller Hemingway)가 즐겨 마셨던 "모히토(Mojito)"와 "피나콜라다(Pina Colada)" 칵테일을 만드는 기주로 사용된다.
- 호레이쇼 넬슨 제독(Horatio Nelson)의 유해를 영국으로 가져가기 위해 부패방지를 목적으로 럼이 들어있는 통에 시신을 담는 데 사용해서 더 유명해진 술이다.
- 럼은 맛과 색으로 분류되며 색에 의한 분류는 화이트 럼, 골드 럼, 다크 럼으로 맛에 의한 분류는 연속식 증류방법을 사용하는 가벼운 느낌의 "라이트 럼(Light Rum)", 단식 증류방법을 사용하고 최소 3년 이상을 숙성시키는 "헤비 럼(Heavy Rum)", 그리고 라이트 럼과 헤비 럼의 중간 위치의 "미디엄 럼(Medium Rum)"으로 분류된다.
- 조주기능사 실기 "바카디" 칵테일은 무조건 "바카디 럼"을 기주로 사용해서 만들어야 한다.

6) 테킬라(Tequila)

- 테킬라는 멕시코 테킬라 지역에서 생산되는 특산주로 독특한 기후와 토질에서만 자생하는 "용설란(Agave, Maquey)"을 발효 · 증류하여 만든 증류주이다.
- 용설란 즉 아가베를 사용하여 만든 알코올 3% 정도의 양조주를 "풀케(Pulque)"라고 하는데 이 풀케를 단식 증류기로 증류하여 만든 것을 "메즈칼(Mezcal)"이라고 부른다.
- 풀케로 증류된 모든 증류주를 "메즈칼"이라 부르고 "테킬라" 지역에서 만든 "메즈칼"만을 "테킬라"라 부를 수 있다.
- 테킬라의 음주 방식은 소금과 라임 또는 레몬을 사용한다. 취향에 따라 소금을 먼저 먹고 테킬라를 마시고 레몬 또는 라임 즙을 짜서 먹거나, 테킬라를 먼저 마시고 소금을 먹고 마무리로 레몬 또는 라임 즙을 짜서 먹는다. 이러한 독특한 방식 때문에 유명해진 술이다.

▧ 테킬라 등급

● 블랑코(Tequila Blanco)

영어로 화이트 테킬라(White Tequila) 또는 실버 테킬라(Silver Tequila)라고 하며 단식 증류기로 증류한 후 저장 · 숙성하지 않은 가벼운 맛의 무색 투명한 테킬라이다.

● 레포사도(Tequila Reposado)

영어로 골드 테킬라(Gold Tequila)라고 하며 단식 증류기로 2회 증류한 후 2개월 이상 오크통에서 저장 · 숙성하여 만든다. 숙성 과정에서 황금색이 만들어지며 테킬라 블랑코에 비해 부드럽고 향이 좋다.

● 아네호(Tequila Anejo)

- 테킬라 레포사도와 제조 방법은 유사하며 원료에서 우러나오는 독특한 향이 강하며 색깔이 레포사도보다 더 짙다.
- 오크통에서 최소 1년 이상 저장 · 숙성하여 만든 테킬라이며, 스트레이트로 마시기에 좋다.

보드카(Vodka), 진(Gin), 럼(Rum), 테킬라(Tequila), 브랜디(Brandy), 위스키(Whisk(e)y)를 6대 증류주라고 한다.

- 다양한 종류의 증류주가 있지만 조주기능사 시험장에는 저가의 증류주를 사용한다.
- 술병에 붙어있는 Label을 보는 습관을 길러야 한다.

❶ 보드카(Vodka)

- 사용되는 칵테일 : 8. 롱아일랜드 아이스티, 12. 애플 마티니, 13. 블랙 러시안, 15. 모스 코뮬, 22. 시브리즈, 23. 코스모폴리탄

❷ 드라이 진(Dry Gin)

- 사용되는 칵테일 : 1. 드라이 마티니, 2. 싱가포르 슬링, 3. 니그로니, 4. 애프리코트, 8. 롱아일랜드 아이스티, 21. 진 피즈

❸ 테킬라(Tequila)

- 사용되는 칵테일 : 8. 롱아일랜드 아이스티, 16. 테킬라 선라이즈, 24. 마가리타

(호세 쿠엘보 테킬라는 조주기능사 실기 시험에 사용되지 않음)

❹ 브랜디(Brandy)

- 사용되는 칵테일 : 6. 브랜디알렉산더, 25. 사이드카, 26. 허니문(애플 브랜디), 33. 푸즈카페

(레미 마틴(코냑)은 조주기능사 실기 시험에 사용되지 않음)

❺ 사과 브랜디(Apple Brandy, CAL-VADOS)

- 사용되는 칵테일 : 26. 허니문
- 허니문을 제외한 나머지 칵테일은 저가의 브랜디를 사용한다.

Rum　Bacardi Rum

❻ 럼(Rum)

바카디 럼(Bacardi Rum)

- 사용되는 칵테일 : 8. 롱아일랜드 아이스티, 9. 다이키리, 10. 바카디, 11. 쿠바 리브레, 37. 마이-타이, 38. 피나 콜라다, 39. 블루 하와이안
- 바카디 칵테일은 무조건 바카디 럼을 사용해야 한다.

❼ 위스키(Whisk(e)y

- 사용되는 칵테일 : 5. 맨해튼(버번 위스키), 14. 러스티 네일(스카치 위스키), 17. 올드패션드(버번 위스키) 18. 위스키 사워(버번 위스키), 19. 뉴욕(버번 위스키), 40. 불바디에

  (조니 워커(스카치 위스키)는 조주기능사 실기 시험에 사용되지 않음)
- 조주기능사 실기장에서는 저가의 스카치 위스키가 사용된다.

레이블에 "Scotch Whisky"라는 글자를 잘 보고 선택해야 한다.

* 아일랜드 아이리시 위스키와 미국 아메리칸 위스키는 "Whiskey" 단어를 사용하고 스코틀랜드 스카치 위스키와 캐나다의 캐나디안 위스키는 "Whisky" 단어를 사용한다.

7) 혼성주(Compounded Liquor)

- 칵테일을 만들 때 가장 많이 사용하는 술이며 리큐르(Liqueur), 또는 코디얼(Cor-dial)이라고도 한다.
- 제조방법에 따라 침출법(Infusuon), 증류법(Distillation), 향유혼합법(에센스법, Essence)으로 분류된다.
- 과일(실)을 사용한 혼성주, 종자(씨)를 사용한 혼성주, 약초 및 향초를 사용한 혼성주 그리고 다양한 재료 등을 사용하여 만든 혼성주들이 있다.

▧ 대표 리큐르 회사

많은 리큐르 회사가 있지만 대표되는 회사로는 디카이퍼, 볼스, 베드렌, 마리브리자드가 있다.

시험장에는 어떠한 리큐르가 나올지 모르기 때문에 각 회사의 리큐르 병과 회사 로고와 리큐르 이름이 어디에 적혀 있는지부터 확인하는 연습을 해야 한다.

디카이퍼(De Kuyper)
원산지 : 네덜란드

볼스(Bols)
원산지 : 네덜란드

베드렌(Vedernne)
원산지 : 프랑스

마리브리자드
(Marie Brizard)
원산지 : 프랑스

❶ Crème De Menthe(White) / Crème De Menthe(Green)

- 약초, 향초(Herbs & Spices) 계열 리큐르
- 중성 주정에 민트 잎에서 추출한 오일과 시럽을 함께 넣어서 만든 리큐르
- 맛을 낼 때 사용하는 화이트와 색깔을 낼 때 사용하는 그린이 있다.

Crème De Menthe(White)
사용되는 칵테일 : 32. 진도

Crème De Menthe(Green)
사용되는 칵테일 :
7. 그래스호퍼, 33. 푸즈카페

❷ Dry Vermouth / Sweet Vermouth

- 어원은 독일어 "쑥"인 "Wermut"이며, 화이트 와인에 여러 가지 약초, 향초를 넣어서 만든 드라이 베르무트(버무스)와 레드 와인을 사용한 스위트 베르무트(버무스)의 두 종류가 있다.
- 마티니(Martini)와 친자노(Cinzano)가 대표되는 베르무트(버무스)이다.
- 식전주(Aperitif)로 많이 사용한다.
- 가향와인이라고도 한다.

Dry Vermouth
사용되는 칵테일 : 1. 드라이 마티니

Sweet Vermouth
사용되는 칵테일 :
3. 니그로니, 5. 맨해튼, 40. 불바디에

❸ Coffee Liqueur(Kahlua)

- 종자(Beans & Kernels) 계열 리큐르
- 커피 콩을 사용하여 만든 커피 리큐르
- 리큐르 회사에서 나오는 다양한 커피 리큐르가 있지만 럼 베이스에 멕시코산 아라비카 종을 사용해서 만든 "칼루아(Kahlua)"가 대표되는 커피 리큐르
- 사용되는 칵테일 : 13. 블랙 러시안, 29. 금산, 34. 비-오십이

❹ Crème De Cacao(Brown) / Crème De Cacao(White)

– 종자(Beans & Kernels) 계열 리큐르

– 초콜릿을 만드는 카카오 씨를 주원료로 하여 만든 리큐르

– 맛을 낼 때 사용하는 화이트와 색깔을 낼 때 사용하는 브라운 두 종류가 있다.

Crème De Cacao(Brown)
사용되는 칵테일 :
6. 브랜디알렉산더

Crème De Cacao(White)
사용되는 칵테일 :
7. 그래스호퍼

❺ Triple Sec

– 과일(실)(Fruits) 계열 리큐르

– 오렌지 껍질을 사용하여 만든 리큐르

– 트리플 섹(Triple Sec)의 “섹(Sec)”은 무미건조하다(Dry)는 뜻의 프랑스어지만, 여기서 사용되는 “섹(Sec)”은 “세 번 증류했다(Distilled)”라는 뜻으로 사용된다.

– 사용되는 칵테일 : 8. 롱아일랜드아이스티, 23. 코스모폴리탄, 24. 마가리타, 25. 사이드카, 26. 허니문, 28. 풋사랑, 30. 고창, 37. 마이-타이

❻ Drambuie

- 약초, 향초(Herbs & Spices) 계열 리큐르
- 스카치 위스키에 꿀(Honey)과 여러 약초(Herbs)들을 사용하여 만든 단맛이 나는 리큐르
- 사용되는 칵테일 : 14. 러스티 네일

❼ Coconut Flavored Rum(MALIBU)

- 종자(Beans & Kernels) 계열 리큐르
- 자메이카산 라이트(화이트) 럼에 카리브해 지역에서 생산되는 코코넛과 당분을 첨가하여 만든 무색투명의 리큐르
- 여성들이 특히 좋아하며 올드패션드 글라스나 필스너 글라스에 얼음과 오렌지 주스를 첨가하여 마시기도 한다.
- 사용되는 칵테일 : 35. 준벅, 39. 블루 하와이안

❽ Bailey's Irish Cream Liqueur

- 아이리시 위스키에 크림과 카카오를 사용하여 만든 달콤한 리큐르
- 식후용으로 샷 또는 올드패션드 글라스에 얼음과 함께 넣어 즐겨 마시기도 한다.
- 사용되는 칵테일 : 34. 비-오십이

❾ Grand Marnier

- 오렌지 큐라소 계열 중 가장 고급 리큐르
- 오렌지 껍질과 꼬냑을 사용하여 만든 고급 리큐르
- 제과 제빵용으로도 많이 사용된다.
- 사용되는 칵테일 : 34. 비-오십이

❿ Banana Liqueur

- 과일(실)(Fruits) 계열 리큐르
- 증류주와 바나나와 당분을 혼합하여 만든 리큐르
- 사용되는 칵테일 : 35. 준벅

Midori

Melon Liqueur

⓫ Midori(Melon Liqueur)

- 과일(실)(Fruits) 계열 리큐르
- 녹색이란 뜻의 "미도리"는 1978년 일본 산토리 주류회사에서 출시한 멜론 리큐르
- 각종 리큐르 회사에서도 멜론 리큐르가 출시되지만 "미도리"의 맛과 향과는 비교불가
- 사용되는 칵테일 : 35. 준벅

⑫ Apple Pucker

- 과일(실)(Fruits) 계열 리큐르
- 디카이퍼사에서 신맛이 강한 청사과로 만든 리큐르로 한국의 과실주와 비슷한 과정을 거쳐서 만든 리큐르
- 사용되는 칵테일 : 12. 애플 마티니, 28. 풋사랑, 29. 금산

⑬ Campari

- 약초, 향초(Herbs & Spices) 계열 리큐르
- 이탈리아 국민주로 쓴맛(Bitter)이 강한 약초계의 붉은 색의 리큐르
- 식전주(Aperitif)로 사용된다.
- 선인장에 기생하는 연지벌레로 만든 카민(Carmine)으로 색을 내다 2006년부터 사용을 중지했는데 제조 방법과 재료는 비밀이기 때문에 알 수 없음
- 사용되는 칵테일 : 3. 니그로니, 40. 불바디에

⑭ Cointreau

- 과일(실)(Fruits) 계열 리큐르
- 프랑스에서 오렌지 껍질을 사용하여 만든 고급 리큐르
- 제과 제빵용으로도 많이 사용된다.
- 식후주로 사용되며 기름진 음식이나 자극적인 음식 및 음료를 먹은 후 입안을 헹궈 낼 때 마시면 효과가 좋다.
- 사용되는 칵테일 : 24. 마가리타

⑮ **Apricot Flavored Brandy**

- 과일(실)(Fruits) 계열 리큐르
- 증류주에 살구와 여러 가지 향료 그리고 당분을 침지하여 만든 리큐르
- 사용되는 칵테일 : 4. 애프리코트

⑯ **Benedictine DOM**

- 프랑스 베네딕트 수도원에서 만들어진 리큐르로 주정에 주니퍼베리, 넛맥, 시나몬, 민트 등 수십 여 가지 약초를 주원료로 하여 침지한 후 증류하여 오크통 속에서 숙성한 고급 리큐르
- DOM이란 데오 옵티모 멕시모(Deo Optimo Maximo) "최대 최선의 신에게"라는 뜻
- 프랑스를 대표하는 고급 리큐르 중 하나
- 사용되는 칵테일 : 26. 허니문, 31. 힐링

⑰ **Blue Curacao**

- 과일(실)(Fruits) 계열 리큐르
- 오렌지 껍질을 사용하여 만든 무색투명의 큐라소(트리플 섹)에 착색을 하여 알코올 도수를 낮춰 만든 리큐르
- 색깔을 낼 때 많이 사용된다.
- 칵테일 바에서 파란색의 칵테일은 블루 큐라소를 사용했다고 보면 된다.
- 사용되는 칵테일 : 39. 블루하와이안

⑱ Crème de Cassis

- 과일(실)(Fruits) 계열 리큐르
- 카시스 또는 영어로 블랙 커런트(Black Currant)라고도 하는 열매를 으깬 후 주정과 당분을 첨가하여 숙성한 다음 여과하여 만든 리큐르
- 식후주로도 많이 사용된다.
- 사용되는 칵테일 : 27. 키르, 31. 힐링

⑲ Angostura Bitters

- 비터(Bitter)의 일종으로 럼에 용담 뿌리와 여러 가지 약초 추출물을 넣어 만든 리큐르
- 약용으로 만들어졌으며 복통에 효과가 있어 위장에 부담이 가는 것을 완화해 주는 효과가 있다.
- 식전주(Aperitif)로 사용된다.
- 사용되는 칵테일 : 5. 맨해튼, 17. 올드패션드

⑳ Cherry Flavored Brandy

- 과일(실)(Fruits) 계열 리큐르
- 주정에 체리를 주원료로 시나몬, 클로브 등의 향료를 침지하여 만든 리큐르
- 사용되는 칵테일 : 2. 싱가포르슬링

㉑ Sloe Gin

– 과일(실)(Fruits) 계열 리큐르

– 진을 베이스로, 유럽에서 자생하는 야생자두(Sloe Berry)를 사용하여 만든 리큐르

㉒ Galliano

– 약초, 향초(Herbs & Spices) 계열 리큐르

– 이탈리아 전쟁영웅 갈리아노 소령의 이름을 딴 병 모양이 특이한 리큐르

– 오렌지 껍질, 바닐라, 설탕 그리고 약초 등 40여 가지 재료를 사용하여 만든 리큐르

▧ 전통주

❶ Gam Hong Ro(감홍로)(40도)(400ml)

– 정읍의 죽력고, 전주의 이강주와 함께 조선시대 3대 명주로 이북 평안도 지방의 술

– 현재 제 43호 이기숙 명인이 만들고 있다.

– 재료 : 용안육(龍眼肉), 계피, 진피, 정향, 생강, 감초, 지초 등 7가지 약재를 사용

– 사용되는 칵테일 : 31. 힐링

❷ Andong Soju(안동 소주)(35도)

– 제주도의 고소리주, 평양의 문배주와 함께 한국 전통 3대 소주로 안동지방의 술

– 명인 20호 故조옥화와 명인 6호 박재서가 만드는 두 가지 방법이 전승되고 있다.

– 재료 : 쌀, 보리, 조, 수수, 콩

– 사용되는 칵테일 : 28. 풋사랑

❸ Jindo Hongju(**진도 홍주**)(40도)

- 고려시대 증류식 소주가 도입되면서 제조되기 시작하였다.
- 재료 : 쌀, 보리쌀, 지초(芝草)
- 사용되는 칵테일 : 32. 진도

❹ Geumsan Insamju(**금산 인삼주**)(43도)

- 한국의 대표 인삼 생산지인 충남 금산군의 대표 술
- 명인 2호 김창수의 집안에서 만들어짐
- 재료 : 5년근 이상의 인삼, 쌀
- 사용되는 칵테일 : 29. 금산

❺ Sunwoonsan Bokbunja Wine(**선운산 복분자주**)

- 전북 고창 선운산 복분자를 사용하여 만든 전통 방식의 과일(실) 발효주
- 재료 : 복분자
- 사용되는 칵테일 : 30. 고창

▧ 기타 양조주(발효주)

샤르도네(Chardonnay) 품종이나 소비뇽 블랑(Sauvignon Blanc) 품종의 화이트 와인이 잘 나옴

- 사용되는 칵테일 : 27. 키르

▧ 기타 재료

❶ Lime Juice

- 사용되는 칵테일 : 9. 다이키리, 10. 바카디, 11. 쿠바 리브레, 12. 애플 마티니, 15. 모스코뮬, 19. 뉴욕, 23. 코스모폴리탄, 24. 마가리타, 28. 풋사랑, 29. 금산, 37. 마이-타이

❷ Grenadine Syrup

- 사용되는 칵테일 : 10. 바카디, 16. 테킬라 선라이즈, 19. 뉴욕, 33. 푸즈카페, 36. 버진 푸르트 펀치, 37. 마이-타이

❸ Raspberry Syrup

- 사용되는 칵테일 : 32. 진도

❹ Lemon Juice

- 사용되는 칵테일 : 2. 싱가포르 슬링, 4. 애프리코트, 18. 위스키 사워, 25. 사이드카, 26. 허니문, 36. 버진 푸르트 펀치

❺ Orange Juice

- 사용되는 칵테일 : 4. 애프리코트, 16. 테킬라 선라이즈, 36. 버진 푸르트 펀치, 37. 마이-타이

❻ Grapefruit Juice

- 사용되는 칵테일 : 22. 시브리즈, 36. 버진 푸르트 펀치

❼ White Grape Juice

- 사용되는 칵테일 : 32. 진도

❽ Cranberry Juice

- 사용되는 칵테일 : 22. 시브리즈, 23. 코스모폴리탄, 36. 버진 푸르트 펀치

❾ Light Milk

– 사용되는 칵테일 : 6. 브랜디알렉산더, 7. 그래스호퍼

❿ Pineapple Juice

– 사용되는 칵테일 : 35. 준벅, 36. 버진 푸르트 펀치, 37. 마이–타이, 38. 피나 콜라다, 39. 블루 하와이안

⓫ Sweet & Sour

– 분말과 액상이 있음. 보통 액상으로 된 모닌 시럽에서 나오는 스위트 & 사워 믹스 사용

– 사용되는 칵테일 : 8. 롱아일랜드 아이스티, 31. 힐링, 35. 준벅

⓬ Pina Colada Mix

– 사용되는 칵테일 : 38. 피나 콜라다

⓭ Soda Water(Club Soda)

– 사용되는 칵테일 : 2. 싱가포르 슬링, 18. 위스키 사워, 20. 프레시 레몬 스쿼시, 21. 진 피즈

⓮ Cola

– 사용되는 칵테일 : 8. 롱아일랜드 아이스티, 11. 쿠바 리브레

⓯ Sprite

– 사용되는 칵테일 : 30. 고창

⓰ Ginger Ale

– 사용되는 칵테일 : 15. 모스코뮬

⑰ Salt

– 사용되는 칵테일 : 24. 마가리타(글라스 림밍)

⑱ Powdered Sugar

– 사용되는 칵테일 : 2. 싱가포르 슬링, 9. 다이키리, 17. 올드패션드, 18. 위스키 사워, 19. 뉴욕, 20. 프레시 레몬 스쿼시, 21. 진 피즈

⑲ Nutmeg Powder

– 사용되는 칵테일 : 6. 브랜디알렉산더

■ Fruit

⑳ Green Olive

– 사용되는 칵테일 : 1. 드라이 마티니

㉑ Lemon

– 사용되는 칵테일 : 3. 니그로니, 8. 롱아일랜드 아이스티, 11. 쿠바 리브레, 15. 모스코뮬, 18. 위스키 사워, 19. 뉴욕, 20. 프레시 레몬 스쿼시, 21. 진 피즈, 22. 시브리즈, 23. 코스모폴리탄, 27. 키르, 31. 힐링

㉒ Cherry

– 사용되는 칵테일 : 2. 싱가포르 슬링, 5. 맨해튼, 17. 올드패션드, 18. 위스키 사워, 35. 준벅, 36. 버진 푸르트 펀치, 37. 마이-타이, 38. 피나 콜라다, 39. 블루 하와이안

㉓ Pineapple

– 사용되는 칵테일 : 35. 준벅, 36. 버진 푸르트 펀치, 37. 마이-타이, 38. 피나 콜라다, 39. 블루 하와이안

㉔ Orange

– 사용되는 칵테일 : 2. 싱가포르 슬링, 17. 올드패션드, 37. 마이-타이, 40. 불바디에

㉕ Apple

– 사용되는 칵테일 : 12. 애플 마티니, 28. 풋사랑

조주기능사 실기시험 문제 변경 현황

- 글라스 관련 내용 추가 및 관련 법령 등 명시 구체화(2023년)

구분	현행	개정	비고
공개문제 p2	2. 수험자 유의사항 7) 과도 등을 조심성 있게 다루어 안전사고가 발생하지 않도록 주의해야 합니다.	2. 수험자 유의사항 7) 과도, 글라스 등을 조심성 있게 다루어 안전사고가 발생하지 않도록 주의해야 합니다.	적용시기 : 2023년 기능사 실기검정 제1회부터
	9) 라) 기타 국가 자격검정 규정에 위배되는 부정행위 등을 하는 경우	9) 라) 국가기술자격법상 국가기술자격검정에서의 부정행위 등을 하는 경우	
공개레시피	- Club Soda - 22번 Sidecar : Cointreau 1oz or Triple Sec 1oz	- Soda Water 등 표기 통일 등 - 22번 Sidecar : Triple Sec 1oz 등	

- 신규 칵테일 추가(2024년)

구분	현행	개정	비고
공개 레시피	- 총 39개 과제	- Boulevardier 추가 - 총 40개 과제	적용시기 : 2024년 기능사 실기검정 제1회부터

	칵테일	조주법	글라스	가니시	재료		
40	Boulevardier	Stir	Old-fashioned Glass	Twist of Orange peel	Bourbon Whiskey 1oz	Sweet Vermouth 1oz	Campari 1oz

출처 : 한국산업 인력공단 Q-net

와인 관련
기초 상식

▧ 와인(Wine)의 정의

- 프랑스에서는 와인(Wine)을 뱅(Vin)이라고 하며, 1907년부터 법적으로 포도 또는 포도즙만을 발효시켜 만든 음료라고 정의하였다.
- 우리나라에서는 과일(실)을 이용하여 만든 모든 발효주를 와인이라 부를 수 있다. 단 와인 이름 앞에 그 과일(실) 이름을 적어야 한다.
  (ex 사과 와인, 복분자 와인, 딸기 와인, 감 와인, 복숭아 와인 등)

▧ 와인의 역사

● 신화에서의 의미

- 올림포스 12신의 왕 제우스와 그리스 도시국가 테베의 공주 인간 세멜레 사이에서 태어난 디오니소스가 제우스의 아내인 결혼과 가정의 여신인 헤라 여신을 피해 니사산에서 숨어 지내다 숲에서 우연히 발효된 포도즙을 발견하면서 인간에게 와인을 전파하였다.
  (그리스식 이름 : 디오니소스. 로마식 이름 : 바쿠스) : 풍작과 식물의 성장을 담당하는 자연신

● 구약성서

- 창세기 9장 18절에서 29절을 보면 노아가 홍수 이후에 포도농사를 시작하여 포도나무를 심고 포도주를 만들어 마시고 만취해 장막 안에서 벌거벗은 채 잠이 들었다는 내용이 있으며, 미켈란젤로의 그림 “노아의 만취”가 바티칸의 시스티나 성당의 천장에 보존되어 있다.

▧ 나라별 와인 명칭

- 영어권 : 와인(Wine) – 레드(Red), 화이트(White), 로제(Rose)
- 프랑스 : 뱅(Vin) – 루즈(Rouge), 블랑(Blanc), 로제(Rosé)
- 이탈리아 : 비노(Vino) – 로소(Rosso), 비안코(Bianco), 로사토(Rosato)
- 스페인 : 비노(Vino) – 틴토(Tinto), 블랑코(Blanco), 로사도(Rosado)
- 독일 : 바인(Wein) – 로트(Rot), 바이스(Weiss), 로제(Rose)

▧ 와인의 분류

1) 색에 의한 분류

● 레드 와인(Red Wine)

- 레드 와인 품종으로 만들어지며 씨와 껍질, 포도 알맹이를 함께 넣어 발효한 와인이다. 붉은 색을 띠며 탄닌(Tannin) 성분에 의해 떫은맛이 난다. 떫은 맛은 레드 와인에서만 느낄 수 있다.

● 화이트 와인(White Wine)

- 화이트 와인 품종으로 만들어지며 포도 껍질을 제거한 후 포도 알맹이만을 사용해 발효하여 만든 와인으로 산도가 높다.

● 로제 와인(Rose Wine)

- 일반적으로 레드 와인 품종을 사용하며 포도 껍질을 넣고 발효하다가 원하는 색깔이 우러나오면 껍질을 제거하고 만드는 핑크색 와인

2) 만드는 방법에 의한 분류

(1) 스틸 와인(Still Wine)/비발포성 와인

- 일반적으로 흔히 우리가 마시는 레드 와인, 화이트 와인, 로제 와인을 일반 와인이라고 한다.
- 테이블 와인(Table Wine)이라고도 하며, 레드 와인, 화이트 와인, 로제 와인이 스틸 와인에 속한다.

(2) 발포성 와인(Sparkling)

- 탄산 가스가 들어있는 와인으로 기념일이나 파티, 축제 때 분위기를 고조시키기

위해 주로 사용되며, 스파클링 와인(Sparkling Wine)이라고도 한다.

● 샴페인(Champagne)

- 발포성 와인 중 가장 인기가 있는 와인으로 프랑스 북동부의 샹파뉴 지방에서만 생산되는 발포성 와인만을 샹파뉴 즉 샴페인(영어식 이름)이라고 한다.
- 다른 나라에서는 샴페인이라는 말을 사용할 수 없다.
- 샴페인은 레드 와인 품종인 피노 누아르(Pinot Noir)와 피노 뫼니에(Pino Meunier) 그리고 화이트 와인 품종인 샤르도네(Chardonnay)를 섞어서 만든다.
- 화이트 와인 품종인 샤르도네(Chardonnay) 100%만을 사용해서 만든 샴페인을 블랑드 블랑(Blanc de Blanc)이라고 하며, 레드 와인 품종 100%만을 사용해서 만든 샴페인을 블랑드 누아르(Blanc de Noir)라고 한다.
- 샹파뉴 지방 이외에서 만든 스파클링 와인의 총칭을 뱅 무쇠(Vin Mousseux)라고 하며, 샹파뉴 지방 이외에서 전통적인 방식으로 만든 스파클링 와인을 크레망(Cremant)이라고 한다.
- 약발포성 와인을 패티앙(Petillant)이라고 한다.

● 기타 나라별 발포성 와인 이름

- 독일 : 일반적인 스파클링 와인을 샤움바인(Schaumwein), 전통 방식의 스파클링 와인을 젝트(Sekt), 약발포성 와인을 펠바인(Petillant)이라고 한다.
- 이탈리아 : 일반적인 스파클링 와인을 스푸만테(Spumante), 전통 방식의 스파클링 와인을 스푸만테 클라시코(Spumante Classico), 약발포성 와인을 프리잔테(Frizzante)라고 한다.
- 스페인 : 일반적인 스파클링 와인을 에스푸모소(Espumoso), 전통 방식의 스파클링 와인을 카바(Cava)라고 한다.
- 남아프리카 공화국 : 스파클링 와인을 매소드 캡 클라시코(Method Cap Classique)라고 한다.

● 당분 첨가량에 따른 맛의 분류

- 브뤼(Brut, 1% 이하의 잔당)
- 엑스트라 섹(Extra Sec, 3%까지)
- 섹(Sec, 5%까지)
- 데미 섹(Demi Sec, 8%까지)
- 도우(Doux, 12% 이상)

(3) 주정강화 와인(Fortified Wine)

와인의 알코올 도수를 높이기 위해 와인 제조과정에서 도수가 높은 알코올 또는 브랜디 등을 첨가하여 알코올 도수를 인위적으로 20% 가까이 강화한 와인(일반 와인의 알코올 도수는13~13.5%가 평균)

- 셰리 와인(Sherry Wine)
  - 스페인을 대표하는 주정강화 와인으로서 스페인 남부 헤레스 데 라 프론테라(Jerez de la Frontera) 지역에서 생산되며 “식전용 와인(식욕 촉진주)”으로 사용된다.
  - 발효가 완전히 끝난 후에 브랜디를 첨가하기 때문에 신맛과 드라이한 맛이 강한 주정강화 와인
- 포트 와인(Port Wine)
  - 포르투갈을 대표하는 주정강화 와인으로서 북동쪽 도루(Douro)강변 알토 도루(Alto Douro) 지역에서 생산되는 스위트한 맛의 주정강화 와인이다.
  - 식사 후 소화를 돕기 위해 “식후용 와인(소화 촉진주)”으로 사용된다.
- 마데이라(Madeira)
  - 마데이라는 포르투갈령의 화산섬으로 여기서 생산되는 주정강화 와인인 마데이라는 셰리, 포트와 함께 세계 3대 주정강화 와인 중 하나에 속한다.
- 마르살라(Marsala)
  - 이탈리아 시칠리아(Sicilia)에서 생산되는 강화 와인이다.

(4) 향미 첨가 와인(Flavored Wine)

– 발효 전후에 과즙 또는 향을 첨가하여 만든 와인이다.

- 베르무트(Vermouth)
  - 식전주(Aperitif, 식사가 나오기 전에 식욕을 돋우기 위해 나오는 술)로 사용되며, 칵테일 맨해튼과 마티니의 부재료로도 사용되는 이탈리아를 대표하는 특유의 강화 와인이다.
  - 이탈리아 피에몬테(Piedmont) 지역에서 주로 생산된다.

3) 맛에 의한 분류

(1) 드라이 와인(Dry Wine)

- 단맛이 없고 산도가 높은 와인
- 포도에 있는 천연 포도당이 완전 발효하여 알코올로 변한, 단맛이 없는 와인을 의미한다.
- 식사 전 식욕 촉진주(Aperitif Wine)로 사용된다.

(2) 미디엄 드라이 와인(Medium Dry Wine) / 미디엄 스위트 와인(Medium Sweet Wine)

- 드라이 와인과 스위트 와인의 중간 맛을 내는 와인을 의미한다.
- 단맛을 약간 느낄 수 있는 와인으로 데미 드라이(Demi Dry) 또는 세미 드라이(Semi Dry)라고도 한다.

(3) 스위트 와인(Sweet Wine)

- 발효과정 중 인위적으로 발효를 중단시켜 천연 포도당이 남아 산도는 낮고 단맛이 높은 와인을 의미한다.
- 주로 식사 후 디저트(Dessert)로 소화 촉진주로 사용된다.

4) 탄산가스 유무에 의한 분류

(1) 비발포성 와인(Still Wine)

- 탄산가스를 함유하지 않은 일반적인 와인
- 레드 와인(Red Wine), 화이트 와인(White Wne), 로제 와인(Rose Wine)

(2) 발포성 와인(Sparkling Wine)

- 발효 도중에 생기는 탄산가스를 함유한 와인

5) 알코올 첨가 여부에 의한 분류

(1) 강화 와인(Fortified Wine)

- 와인에 알코올 도수가 높은 증류주나 브랜디 등을 첨가하여 만든 와인
- 스페인의 셰리 와인(Sherry Wine), 포르투갈의 포트 와인(Port Wine), 베르무트(Vermouth), 마데리아(Madeira), 마르살라(Marsala)

(2) 비강화 와인(Unfortified Wine)

- 일반적인 레드 와인, 화이트 와인, 로제 와인 등을 말하며, 증류주나 브랜디, 향신료, 설탕 등을 첨가하지 않은 와인이다.

6) 용도에 의한 분류

(1) 식전용 와인(Aperitif Wine)

- 식사 전에 식욕을 돋우기 위해 마시는 와인으로 산도가 높고 드라이한 와인을 마신다.
- 셰리 와인(Sherry Wine), 베르무트(Vermouth)

(2) 테이블 와인(Table Wine)

- 식사와 함께 제공되는 와인으로 음식의 종류에 따라 화이트 와인, 레드 와인 등을 곁들여 마신다.

(3) 식후용 와인(Dessert Wine)

- 식사 후 소화를 돕기 위하여 마시는 와인으로 스위트한 샴페인이나 포트 와인(Port Wine)을 마신다.

7) 저장연도에 의한 분류

(1) 영 와인 / 단기 숙성 와인(Young Wine)

- 발효 과정 후 숙성기간이 필요 없거나 1~5년 숙성한 와인으로, 장기간 보관이 안 되며 품질이 낮은 와인

(2) 올드 와인 / 에이지드 와인 / 숙성 와인(Old Wine/Aged Wine)

- 발효 과정 후 숙성기간이 5~15년 정도 되는 품질이 우수한 와인
- 프랑스 와인 품질 분류 시스템 중 A.O.C급이 해당

(3) 그레이트 와인 / 장기 숙성 와인(Great Wine)

- 발효 과정 후 15년 이상 숙성한 와인
- 최상급의 품질(보르도 5대 샤토인 그랑 크뤼 클라세(Grand Cru Classe) 1등급 와인이 해당
- 보르도 그랑 크뤼 클라세 1등급 Premiere Crus(프르미에 크뤼) 5대 샤토 : ① 샤토 라피트 로칠드(Château Lafite-Rothschild), ② 샤토 라투르(Château

Latour), ③ 샤토 마고(Château Margaux), ④ 샤토 무통 로칠드(Château Mouton-Rothschild), ⑤ 샤토 오브리옹(Château Haut-Brion)

8) 농도에 의한 분류

(1) 가벼운 와인(Light Body Wine)

- 화이트 와인들이 대부분 속하며 레드 와인은 보졸레 와인이 속한다.
- 가벼운 질감과 농도의 와인
- 물을 마셨을 때의 입안에서 느껴지는 느낌(무게감)

(2) 중간 와인(Medium Body Wine)

- 중간 정도의 질감과 농도의 와인
- 우유를 마셨을 때의 입안에서 느껴지는 느낌(무게감)

(3) 무거운 와인(Full Body Wine)

- 무거운 질감과 농도의 와인
- 대부분 레드 와인이 무거운 와인에 속하며, 최상급 화이트 와인 또한 무거운 보디감을 느낄 수 있다.
- 생크림이나 막걸리 등을 마셨을 때 입안에서 느껴지는 느낌(무게감)

▨ 와인(Wine)의 품종

1) 품종별 시음 순서

- 와인을 만드는 품종은 유럽의 포도 나무 계열인 비티스 비니페라(Vitis Vinifera)라는 양조용 포도 품종으로 대부분의 와인들이 만들어진다.
- 처음 와인 시음을 공부할 때에는 화이트 와인에서 레드 와인으로 시작하는 것이 좋으며 품종별로는 아래의 품종으로 진행하는 것이 좋다.

(1) 레드 와인

- 피노 누아르(Pinot Noir) or 메를로(Merlot) → 카베르네 소비뇽(Cabernet Sauvignon) → 시라/시라즈(Syrah/Shiraz)

(2) 화이트 와인

- 리슬링(Riesling) → 소비뇽 블랑(Sauvignon Blanc) → 샤르도네(Chardonnay)

2) 와인 품종별 종류

- 레드 와인

(1) 피노 누아르(Pinot Noir)

– 원산지 : 프랑스 부르고뉴

– 특징 : a. 레드 와인의 여왕으로 불리며 카베르네 소비뇽 품종보다 탄닌이 적고 산도가 높은 와인

b. 기후에 민감한 품종이며 비교적 서늘한 지역에서 재배되는 품종으로 껍질이 얇고 알이 굵다.

c. 단일 품종으로 와인을 생산한다.

d. 샴페인을 만들때 사용되는 품종

e. 부르고뉴를 대표하는 세계에서 가장 비싼 "로마네 콩티(Romanée Conti)"라는 와인을 만들때 사용되는 품종

f. 미디엄 보디의 와인을 생산

(2) 메를로(Merlot)

– 원산지 : 프랑스 보르도

– 특징 : a. 메를로라는 이름은 "검은 지빠귀(종달새)"를 뜻하는 프랑스어(Merle)에서 유래

b. 포도알이 크고, 껍질이 얇으며, 탄닌 성분이 적고 산도가 높은 품종

c. 맛이 부드러워 프랑스 보르도에선 블렌딩(Blending, 혼합)용으로 사용된다.

d. 미디엄 보디의 와인을 생산하며, 장기 숙성에 가장 적합한 품종

e. 와인을 처음 시작하는 초보자나, 여성들에게 특히 사랑받는 와인 품종

(3) 카베르네 소비뇽(Cabernet Sauvignon)

– 원산지 : 프랑스 보르도

– 특징 : a. 포도 품종의 황제라고 불리는 품종

b. 전 세계에서 가장 많이 재배되고 있으며, 프랑스뿐만 아니라 신대륙 국가들이 가장 선호하는 품종

c. 서늘하거나 더운 기후에서도 잘 자라고 여러 토양에서도 적응력이

좋으며 병충해에도 강한 품종

d. 포도알이 작고, 껍질이 두꺼우며, 씨가 커서 탄닌(Tannin) 함유량이 높아 장기간 보관과 오랜 숙성 기간이 필요한 품종

e. 프랑스 보르도(Bordeaux)에선 메를로와 카베르네 프랑 품종과 블렌딩(혼합)해서 와인을 만듦(산도와 방향성)

(4) 시라/시라즈(Syrah/Shiraz)

– 원산지 : 이란(페르시아)이며 프랑스 북부 론 에르미타주(Hermitage) 중심으로 재배되고 있음 / 호주 대표 품종

– 특징 : a. 프랑스, 아르헨티나, 칠레, 미국에서는 시라(Syrah)로, 남아프리카공화국, 호주, 캐나다에서는 시라즈(Shiraz)로 알려져 있음

b. 추위와 서리에 강한 품종이며 대부분의 토양에서도 잘 자라 전 세계에서 사랑 받는 품종

c. 가장 드라이한 와인을 만드는 품종

d. 페르시아가 원산지이며 십자군전쟁 때 유럽으로 전파되었다가 19세기에 들어 다시 호주로 전파되어 지금은 호주를 대표하는 품종

(5) 네비올로(Nebbiolo)

– 원산지 : 이탈리아 북서부 피에몬테(Piedmonte) 지역

– 특징 : a. 부르고뉴 와인의 스타일과 비슷함

b. 만생종(晩生種)이라 다른 품종과는 달리 포도알이 늦게 익지만 시간이 지날수록 우아하고 섬세한 맛과 향이 우러나는 고급 품종(10월 중순이나 11월에 수확)

c. 이탈리아 와인의 왕 "바롤로(Barolo)"와 이탈리아 와인의 여왕 "바르바레스코(Barbaresco)"를 만들 때 사용되는 품종

(6) 산지오베제(Sangiovese)

– 원산지 : 이탈리아 토스카나(Toscana) 지역의 키안티(Chianti)

– 특징 : a. 제우스의 피(Blood of Jove(Zeus), Sanguis Jovis)라는 뜻의 이탈리아를 대표하는 또 다른 품종

b. 산도가 높고, 장기숙성 후에는 부드럽고 화려한 맛을 낸다.

c. 다양한 스타일의 맛을 내며 주로 미디엄 보디 스타일의 와인을 만든다.

d. 세계적으로 유명한 이탈리아 토스카나(Toscana) 지방의 "키안티(Chianti) 와인"을 만드는 품종

e. 카베르네 소비뇽, 메를로, 산지오베제를 블렌딩한 "슈퍼 토스카나(Super Toscana)"가 인기를 끌고 있다.

f. 대표 슈퍼 토스카나(Super Toscana) 와인으로는 "티나넬로(Tig-nanello)"와 "사시카이아(Sassicaia)"가 있으며 사시카이아(Sassic-aia)는 산지오베제를 사용하지 않고 만든다.

(7) 카베르네 프랑(Cabernet Franc)

- 원산지 : 프랑스 브르타뉴(Bretagne)에서 최초로 재배되었으며 18세기 말 보르도로 건너가 지금은 보르도가 주요 재배 지역이며 원산지
- 특징 : a. 산도와 탄닌이 적으며 향이 좋아 보르도에선 카베르네 소비뇽과 블렌딩하는 품종

  b. 카베르네 소비뇽이 흉작일 때 대안이 되기도 하는 품종

  c. 아이스 와인을 만들 때 사용되는 품종

(8) 말벡(Malbec)

- 원산지 : 프랑스 카오르(Cahors)에서 재배되었으며 보르도가 원산지 / 아르헨티나 대표 품종
- 특징 : a. 코트(Côt)라 불리기도 하고, 생테밀리옹과 포므롤 지역에서는 프레삭(Pressac)이라고도 부른다.

  b. 추위에 약하고 탄닌 성분이 강하여 프랑스에서는 블렌딩(혼합)을 위해 소량 재배됨

  c. 아르헨티나 멘도사(Mendoza) 지역에서 생산되는 노르톤(Norton) 말벡은 세계 최고의 와인으로 손꼽힌다.

(9) 템프라뇨(Tempranillo)

- 원산지 : 스페인 중북부 리오하(Rijoa) 지방
- 특징 : a. 다른 레드 와인 품종보다 일찍 익어서 수확시기가 빠르며, 일찍을 뜻하는 스페인어 "템프라노(Temprano)에서 유래된 품종. 조생종(早生種)

b. 스페인에서 가장 많이 재배되는 품종

c. 적당한 산도와 11～13%의 알코올 도수로 부담 없이 부드럽게 마실 수 있는 와인

d. 영 와인 / 단기 숙성 와인(Young Wine)으로 마시기에도 부담이 없는 와인으로, 카베르네 소비뇽 품종의 와인과는 대조적인 품종

(10) **진판델**(Zinfandel)

– 원산지 : 미상 / 미국 대표 품종

– 특징 : a. 헝가리인 아고스톤 하라스티(Agoston Haraszthy)가 그의 고국에서 캘리포니아로 유입한 것으로 알려져 있다.

b. 다양한 맛의 와인을 만들며 특히 여름날 시원하게 마시는 "서머 와인(Summer Wine)"으로 인기를 끌고 있다.

c. 포도알이 익는 속도가 송이마다 다르기 때문에 수확이 어렵다.

d. 당도가 높아 알코올 함량도 높은(13.5～16%) 와인을 만든다.

e. 미국 내에서는 카베르네 소비뇽보다 인기 있는 품종

(11) **가메**(Gamay)

– 원산지 : 프랑스 부르고뉴 / 보졸레

– 특징 : a. 프랑스 보졸레 지방의 보졸레 누보(Beaujolais Nouveau)를 만드는 품종으로 매년 11월 셋째 주 목요일 출시되는 보졸레 누보(Beaujolais Nouveau) 때문에 유명해진 품종

b. 장기 숙성없이 단기간에 가볍게 마실 수 있는 와인을 만들 때 사용된다.

c. 맛은 신선하고 가벼우며 여러가지 과일 향이 풍부한 라이트 보디 와인을 만든다.

(12) **피노타지**(Pinotage)

– 원산지 : 남아프리카 공화국

– 특징 : a. 남아프리카 공화국을 대표하는 품종

b. 1925년 스틸렌보스 대학(Stellenbosch University) 포도재배학과의 아브라함 이자크 페롤드(Abrahamlzak Perold) 교수가 프랑스의 피노 누아르(Pinot noir)와 생소(Cinsaut) 품종을 이종교배로 만든 품종

(13) 프티 베르도(Petit Vedot)

- 원산지 : 프랑스 보르도
- 특징 : a. 프랑스 보르도에서 블렌딩(혼합)용으로 사용되는 품종
  b. 아주 늦게 익는 문제가 있으며 잘 익었을 때는 달콤한 맛을 내지만 잘 익지 않았을 때는 거친 맛이 난다.
  c. 블렌딩(혼합) 비율이 매우 낮으며, 5% 이상은 사용하지 않는다.

(14) 그르나슈 누아르(Grenache Noir)

- 원산지 : 스페인 / 프랑스의 남부 론, 프로방스 남부지역
- 특징 : a. 간단히 줄여 그르나슈(Grenache)라고도 한다.
  b. 스페인, 프랑스 남부 론, 이탈리아 사르디니아(Sardinia), 미국 캘리포니아 등지에서 재배된다.
  c. 알코올 도수가 높고 산도가 낮기 때문에 와인을 만들 때 단일 품종보다는 블렌딩(혼합) 품종으로 사용된다.
  d. 프랑스 남부 론 지역을 대표하는 "샤토뇌프 뒤 파프(Châteauneuf-du Pape)" 와인을 만들 때 블렌딩(혼합) 주 품종으로 사용된다.

(15) 피노 뫼니에(Pinot Meunier)

- 원산지 : 프랑스 부르고뉴
- 특징 : a. 샹파뉴 지방에서 주로 생산되며 샴페인을 만들 때 블렌딩(혼합) 품종으로 사용된다.
  b. 샴페인에서 피노 누아르가 보디감과 구조를, 샤르도네가 아로마를, 피노 뫼니에가 과일맛을 담당한다.

(16) 카르메네르(Carmenere)

- 원산지 : 프랑스 보르도 메독이 원산지 / 칠레 대표 품종
- 특징 : a. 칠레, 이탈리아, 미국 워싱턴, 캘리포니아 등에서 재배되고 있으며 칠레를 대표하는 품종
  b. 단일 품종 와인을 생산함
  c. 미디엄 보디 와인을 만들며, 영 와인 / 단기 숙성 와인(Young Wine)으로 마시면 최상의 와인

(17) 바르베라(Barbera)

– 원산지 : 이탈리아 피에몬테

– 특징 : a. 각종 질병 및 병충해에 저항력이 높은 품종

b. 산도가 높으며 저녁식사와 함께 마시는 와인으로 가장 유명함

(18) 무르베드르(Mourvédre)

– 원산지 : 스페인 / 프랑스의 론과 프로방스 지역이 가장 유명한 산지

– 특징 : a. 블렌딩(혼합)용으로 많이 사용되며, 가벼운 레드 와인이나 로제 와인을 만듦

b. 스페인에서는 “모나스트렐(Monastrell)”이라고 불리고, 호주와 미국에서는 “마타로(Mataro)”라고 불림

c. 가벼운 레드 와인과 로제 와인을 만듦

● 화이트 와인

(1) 리슬링(Riesling)

– 원산지 : 독일

– 특징 : a. 사과, 복숭아 등 독특하고 신선한 과일 향이 풍부하고, 산도가 높으며 벌꿀과 같은 향이 있다.

b. 추위에 강하며 세계적으로 유명한 아이스 와인을 만드는 품종 중 하나

c. 독일의 라인가우(Rheingau)와 모젤(Mosel), 프랑스 알자스 지방의 대표 품종, 특히 프랑스 알자스 지방은 드라이한 타입의 와인을 생산.

d. 산도가 높기 때문에 장기 숙성이 가능한 품종.

e. 당도가 아주 높기 때문에 “아이스 와인(Eiswein)”과 “귀부 와인(Trockenbeerenauslese)”을 만드는 품종

(2) 소비뇽 블랑(Sauvignon Blanc)

– 원산지 : 프랑스 루아르(Loire) 지역

– 특징 : a. 샤르도네와 함께 프랑스 대표 품종으로 화이트 와인 마니아(Mania)들에게 꾸준한 인기를 얻는 품종

b. 프랑스 보르도(Bordeaux)에서는 세미용과 함께 블렌딩(혼합)하여 스위트한 화이트 와인과 드라이한 화이트 와인을 만듦

c. 풀과 과일 향이 강하며, 자극적이고 산도가 높아 드라이하고 자극적인 맛을 만듦

d. 미국과 뉴질랜드와 같은 신대륙에서 큰 인기를 끌고 있음

(3) 샤르도네(Chardonnay)

– 원산지 : 프랑스 부르고뉴(Bourgogne), 영어로는 버건디(Burgundy)

– 특징 : a. 화이트 와인의 대표 품종으로 "화이트 와인의 여왕"으로 불림

b. 거의 모든 지역에서 재배가 가능하며, 산도가 비교적 낮고, 풍부하고 신선한 과일 향을 가지고 있음

c. 해산물과 잘 어울리며 고급 일본주(사케, さけ)에서 샤르도네 맛을 느낄 수 있음

d. 100% 화이트 와인 품종으로 만든 블랑–드–블랑(Blanc–de–Blanc)이라는 샴페인(Champagne)을 만드는 품종

e. 샴페인(Champagne) 주요 품종 중 하나

f. 드라이한 스타일의 화이트 와인을 만들어 낸다.

(4) 세미용(Sémillion)

– 원산지 : 프랑스 보르도(Bordeaux) 소테른(Sauternes)

– 특징 : a. 소테른(Sauternes)과 바르삭(Barsac) 산이 세계적으로 유명

b. 껍질이 얇기 때문에 귀부균 "보트리티스 시네레아(Botrytis Cinerea)"의 공격을 쉽게 받아 귀부 와인을 만들 때 사용되는 품종

c. "샤토 디켐(Château d'Yquem)"이라는 프랑스 최고의 귀부 와인을 만드는 품종

d. 신대륙에서는 호주의 세미용이 유명하다.

(5) 슈냉 블랑(Chenin Blanc)

– 원산지 : 프랑스 루아르(Loire) 지방의 앙주(Anjou) / 남아프리카 공화국 대표 품종

– 특징 : a. 추위에 약하고 악천후에 예민하여 재배하기 힘든 품종

b. 산도가 높아 처음 마시는 사람에게는 호감을 주지 못하지만 발포성 와인(Sparkling Wine)을 만드는 주 품종으로 사용됨

c. 미국에서는 대량 소비용 와인으로 사용되는 품종

(6) 게뷔르츠트라미너(Gewürztraminer)

– 원산지 : 이탈리아 트라미노(Tramino) 또는 고대 그리스 / 독일 대표 품종

– 특징 : a. 독일어 게뷔르츠(Gewürz)는 "Spice(양념, 향신료)"란 뜻으로 알싸한 향이 강한 품종

b. 독일과 프랑스 알자스 지방에서 재배된다.

c. 산도가 낮고 알코올 함량이 높은 와인을 만드는 품종

d. 장기 숙성이 가능한 품종

(7) 피노 그리(Pinot Gris)

– 원산지 : 프랑스 부르고뉴

– 특징 : a. 피노(Pinot)는 부르고뉴 계통의 포도 품종에만 붙는 이름으로 피노 그리는 피노 누아르의 변종 품종

b. 프랑스 알자스(Alsace) 지방과 이탈리아에서 주로 재배되는 품종으로 이탈리아에서는 피노 그리지오(Pinot Grigio)라고 부른다.

c. 지역에 따라 풍미가 다르며 강한 색깔의 와인을 만드는 품종

d. 산도가 낮아 부드럽지만 알코올 함량이 높은 와인을 만든다.

(8) 실바너(Silvaner)

– 원산지 : 오스트리아 / 독일에서는 질바너라고 함

– 특징 : a. 가장 오래된 품종 중 하나로 17세기 중엽 독일로 넘어가 독일 프랑켄(Franken) 지역을 대표하는 품종

b. 프랑스 알자스 지방에서는 최고급 그랑 크뤼(Grand Cru)급 와인을 만드는 품종

(9) 토론테스(Torrontes)

– 원산지 : 아르헨티나

– 특징 : a. 사과, 배, 복숭아, 레몬, 파인애플, 리치 등 다양한 과일과 꽃향기가 나는 상큼한 맛의 와인을 만드는 품종

b. 토론테스 리오하노(Riojano)가 대중적인 토론테스 와인을 만드는 품종이며 그 외 토론테스 멘도시노(Mendocino), 토론테스 산후아니노(Sanjuanino)의 품종이 있다.

(10) 비오니에(Viognier)

– 원산지 : 프랑스 북부 론의 콩드리유(Condrieu)

– 특징 : a. 만생종으로 프랑스 론 밸리에서는 "루산느(Roussanne)"와 "마르산느(Marsanne)" 품종과 함께 블렌딩(혼합) 품종으로 사용

b. 산도가 낮고 알코올 함량이 높다.

c. 호주, 미국 캘리포니아, 이탈리아 중부, 남아프리카 공화국, 뉴질랜드, 일본, 중국 등 많은 나라에서 재배되고 있음

(11) 피노 블랑(Pinot Blanc)

– 원산지 : 프랑스 부르고뉴

– 특징 : a. 샤르도네보다 약간 가볍고 산도가 높지만 구별되지 않을 정도로 비슷하여 부르고뉴에서는 샤르도네 대용으로 소량 재배됨

b. 독일인들에게 인기가 높은 품종이다.

c. 피에르 프리크(Pierre Frick) 와인은 프랑스 알자스 지방에서 생산되는 피노 블랑 품종의 가장 우수한 화이트 와인이다.

(12) 모스카토(Moscato)

– 원산지 : 이탈리아 피에몬테(Piemonte)주의 아스티(Asti)

– 특징 : a. 맛이 달고 알코올 함량이 낮아 소화 촉진주로 많이 사용되며 여성들이 좋아하는 와인 품종

b. 머스켓(Muscat)이라고도 부르며, 머스켓 계통의 포도는 와인과 건포도, 식용 포도로도 널리 재배됨

c. 모스카토 다스티 와인은 약발포성 와인인 프리잔테(Frizzante)이며, 강발포성 와인인 스푸만테(Spumante) 와인도 만들어진다.

(13) 뮐러 투르가우(Müller Thurgau)

– 원산지 : 독일

– 특징 : a. 스위스 투르가우(Thurgau) 출신의 헤르만 뮐러(Hermann Müller) 박사가 독일에서 리슬링(Riesling)과 실바너(Sylvaner) 품종을 교배하여 만든 품종으로 자신의 이름과 출생지를 붙여 품종 이름을 만듦

b. 추운 지방에서 잘 자라지만 장기 숙성용 품종은 아니기 때문에 빨리 마시는 것이 좋다.

c. 산도가 낮지만 부드러운 맛이며, 꽃향기가 나는 와인을 만든다.

(14) **뮈스카델**(Muscadelle)

– 원산지 : 프랑스 보르도

– 특징 : a. 프랑스 소테른(Sauternes)과 바르삭(Barsac)에서 소비뇽 블랑, 세미용과 함께 블렌딩 보조 품종으로 사용되는 품종

▧ 와인(Wine)의 용어

● 소믈리에(Sommelier)

– 중세 유럽 식품 보관을 담당하는 솜(Somme)이라는 직책에서 유래된 용어로 레스토랑이나 와인 바 등에서 와인을 전문적으로 다루는 사람을 뜻한다.

– 지금은 손님들에게 와인을 추천하고 서비스하며, 와인의 재고 파악과 발주 및 관리 그리고 직원들을 교육하는 사람을 뜻한다.

● 테루아(Terroir)

– 프랑스어 테루아는 원래 토양이라는 뜻이다. 그런데 와인에서의 테루아란 포도를 재배하는 데 필요한 모든 전제조건을 일컫는 말로서 기후(온도, 습도, 강우량, 일조량, 일조시간), 토양(포도원의 경사, 언덕 · 평지 · 강가 등의 땅의 위치와 성향), 지질(흙의 물리적, 화학적 성분 및 배수조건), 인간의 노력 등을 말한다.

● 빈티지(Vintage) = 밀레심(Millèsime)

– 포도를 수확하고 와인을 제조한 해로서 와인 레이블(Label)에 표기된 연도

– 매년 기후에 따라 수확되는 포도의 작황(作況)이 다르기 때문에 빈티지에 따라 와인의 등급 및 질도 달라진다.

● 탄닌(Tannin/Tanin)

– 레드 와인 품종의 포도 껍질, 줄기 및 포도씨에서 나오는 성분으로 입안에서 씁쓸하고 떫은 맛을 내는 페놀 성분

탄닌 성분은 포도일 때는 병충해를 막아주고 자체 면역 역할을 하며, 와인일 때는 산화를 막아주는 역할을 한다.

– 레드 와인에서만 느낄 수 있는 맛으로, 와인의 품질에 결정적인 영향을 미치는 요소

● 산도(Acidity)

– 와인에서의 신맛은 레몬이나 사과, 복숭아 등 과일에서 느껴지는 새콤한 신맛을 나타내며 와인의 깔끔함 정도와 와인의 섬세함을 결정짓는 중요한 요소
– 포도가 주는 산은 주로 주석산(Tartaric Acid), 사과산(Malic Acid)(화이트 와인), 젖산(Lactic Acid)(발효를 통해 사과산을 젖산으로 바꿔주며 대부분의 레드 와인에서 느낄 수 있음), 구연산(Citric Acid) 등이 있다.

● 바리크(Barrique) / 오크(Oak) / 캐스크(Cask)

– 나무통을 뜻하는 프랑스어로 "오크통" 또는 "캐스크"라고도 한다.
– 와인을 숙성하는 참나무통으로 주로 레드 와인을 숙성할 때 사용
– 보르도의 바리크 규격은 225리터이고 부르고뉴의 바리크 규격은 228리터이다.
– 프랑스 세계 최고의 바리크는 프랑스 리무쟁(Limousin)산

● 이산화황(Sulphur Dioxide, SO_2)=아황산(H2SO3)

– 와인을 오래 보존하는 데 사용되는 일반 약품으로 산화 방지, 잡균오염 방지 등에 효과가 있어 와인 및 음료 등에 사용된다.

● 아로마(Aroma)

– 포도열매 자체에서 나는 과일 향
– 와인에서의 아로마는 3단계로 분류된다.
  - ■ 1차 아로마 : 포도 열매 자체에 함유되어 있는 향으로 포도 품종에 따라 다양한 향이 난다.
  - ■ 2차 아로마 : 발효 시 효모 작용에 의해 생기는 향
  - ■ 3차 아로마 : 와인이 숙성되면서 나는 숙성향. 부케(Bouquet)라고 부른다.

● 부케(Bouquet)

– 숙성된 와인에서 나타나는 다양한 향을 묘사하는 용어로서, 레드 와인과 화이트 와인에서 각각 다른 향을 느낄 수 있다.
– 레드 와인 : 스모크, 초콜릿, 바닐라, 가죽, 버섯, 돌, 타르, 석유 향 등

- 화이트 와인 : 레몬, 사과, 리치, 배, 벌꿀, 복숭아 향 등

● 보디(Body)

- 보디는 입안에서 느껴지는 와인의 무게감을 나타내는 용어
- 무게감(점도) 정도에 따라 라이트 보디(Light-bodied), 미디엄 보디(Medium-bodied) 풀 보디(Full-bodied)로 나뉜다.

● 산화(Oxidation)

- 색과 맛이 변하는 요인으로 공기 중의 산소가 와인과 접촉하면서 일어나는 현상
- 이를 막기 위해서 산화 방지제를 사용한다.

● 카브(Cave)

- 병입된 와인들을 저장해 두기 위한 와인 저장고를 뜻함

● 네고시앙(Nègociant)

- 와인 중개업자로서 와인을 구입해 숙성, 블렌딩(혼합)한 뒤 병입해 판매하는 와인상을 일컫는 용어

● 신대륙 와인(New World)

- 미국, 호주, 뉴질랜드, 칠레, 남아프리카공화국, 아르헨티나 등의 나라를 일컫는 용어

● 구대륙 와인(Old World)

- 프랑스, 이탈리아, 독일, 스페인, 포르투갈 등 지중해 연안의 유럽 국가들을 일컫는 용어

● BYOB

- "Bring Your Own Bottle"의 줄임말로 식당이나 바에 일정한 금액(수고비, Corkage)을 지불하고 와인이나 술 등을 가져가서 마시는 것을 말한다.

● 와인의 눈물(Tear, Leg, Arches)

- 와인을 잔에 따르고 난 후 잔을 흔들었다가 가만히 놓아두면 잔의 볼(Bowl) 위쪽에서 아래쪽으로 와인이 눈물처럼 흘러내리는 현상으로 마란고니 효과(Marangoni Effect)라고 한다.

- 이는 증발률과 표면장력으로 인해 생기는 것으로 와인에 들어있는 알코올이 물보다 먼저 증발하기 때문에 일어나는 현상이다.
- 알코올 농도가 높을수록 방울은 작아지며 흘러내리는 속도는 느리다.

● 스월링(Swirling)

- 마시는 중간마다 와인 잔을 돌려주는 행동으로 주로 레드 와인을 마실 때 하는 행동

● 머스트(Must)

- 알코올 발효 전 포도즙의 상태를 총칭하는 것으로서, 포도를 으깨고 압축해 만든 상태를 말한다.

● 필록세라(Phylloxera)

- "포도나무의 페스트"라고 불리는 해충
- 1840년대 미국에서 건너와 유럽 대부분의 포도밭 전역을 감염시켜 황폐하게 만든 해충
- 유일하게 칠레는 필록세라의 영향을 받지 않았으며, 필록세라 사건 후 유럽에서는 필록세라에 면역이 있는 미국산 포도나무를 뿌리목으로 접목을 하여 포도농사를 재개하였다.
- 학명 Viteus vitifoliae의 필록세라는 북미 동부가 원산지인 포도나무의 해충으로서, 매미무리(Hemiptera)의 곤충류(Insecta)로 미세기생충(Phylloxeridae) 부류이며 세분류로는 식물기생충(Sternorrhyncha)에 해당된다.

● 프리런 주스(Free Run Juice)/뱅 드 구트(Vin de Goûtte)

- 포도를 수확한 후 쌓아 두었을 때 압력에 의해 자연스럽게 흘러나온 주스

● 프레스드 주스(Fressed Juice)/뱅 드 프레스(Vin de Préss)

- 껍질과 씨를 기계를 사용하여 강하게 눌러 짜서 나온 주스

● 아상블라주(Assemblage)

- 블렌딩(Blending, 혼합)이라고도 하며 서로 다른 품종과 다른 포도원 지역의 와인을 혼합하는 기술을 뜻한다.

● 프렌치 패러독스(French Paradox)

- 프렌치 패러독스란 프랑스인의 역설이란 뜻으로 1991년 미국 CBS 유명 교양 프로그램인 "60 Minutes"에서 모리셰이퍼(Morley Safer)가 방송 보도한 후 나온 말이다. 콜레스테롤 함량이 높은 음식을 먹는 프랑스인들이 건강식을 하는 미국인보다 심장병 사망률이 낮다고 보도하였는데 그 이유를 식사를 하면서 항상 레드 와인을 곁들이는 식습관 때문일 것이라고 하였다.
  이를 프렌치 패러독스라 하며 프렌치 패러독스가 방영된 후 미국의 와인 판매량이 급격하게 증가되었을 뿐 아니라(40% 이상) 이후 전 세계적으로 레드 와인의 수요가 증가하였다.

● 파리의 심판(Judgement of Paris)

- 파리에서 와인 중개업자 영국인 "스티븐 스퍼리어(Steven Spurrier)"에 의해 개최된 미국과 프랑스 와인의 블라인드 테이스팅 비교 시음회
- 1976년 미국 독립 200주년을 기념해 개최되었으며 심사위원은 제안자인 스퍼리어를 제외하고 열 명 모두 프랑스인들이었으며 다들 프랑스 와인업계의 유명한 인물들이었다.
- 화이트 와인 10종, 레드 와인 10종의 순으로 시음하고 점수를 합산해 최우수 와인을 선정하게 했는데 그 결과 미국의 화이트 와인과 레드 와인이 모두 우승을 한 것
- 이 사건이 그 유명한 "파리의 심판"이며 영화로도 만들어졌다(와인 미라클 :"BOTTLE SHOCK").
- 사건 후 1986년과 2006년에도 시음회가 열렸으나 프랑스가 모두 패배를 하게 되었으며 신대륙 와인이 세계 와인 애호가들로부터 인정을 받게 되는 혁명적인 계기가 되었다.
- 1위 화이트 와인 = 샤토 몬텔레나(Chateau Montelena 1973)
- 1위 레드 와인 = 스테그스 리프 와인 셀러스(Stag's Leap Wine Cellars 1973)

● 르뮈아주(Remuage)

- 샴페인을 만들 때 사용되는 용어로 영어로 리들링(Riddling)이라고 한다.
- 탄산 가스를 만드는 병 속 2차 발효 중에 생긴 찌꺼기를 병 입구 쪽으로 모으

는 과정
- A자 모양처럼 생긴 퓌피트르(Pupitre)라고 불리는 틀에 병을 거꾸로 꽂아 조금씩 돌려주는 과정
- 르뮈아주 작업자를 르뮈에르(Remueur)라고 하며, 사람들이 직접 손으로 돌려주곤 했으나 지금은 자이로팔레트(Gyropalette)라는 기계를 사용하는 곳이 많다.

● 데고르즈망(Dégorgement)
- 샴페인을 만들 때 사용되는 용어로 데고르즈망이란 "토해내다"라는 뜻
- 병 입구로 모인 찌꺼기를 밖으로 터져 나오게 하여 제거하는 작업으로서 병목 부분만 영하 25도로 얼리거나 0℃ 이하의 찬 소금물에 담가 급속 냉각한 후 병마개를 순간 오픈하는 과정

● 도자주(Dosage)(보충 와인)
- 데고르주망 과정을 거친 후 줄어든 와인의 양을 보충하기 위해 당분이나 다른 와인 등을 첨가하는 것을 뜻함
- 보충하는 와인에 따라 스위트한 샴페인이나 드라이한 샴페인이 됨

● 와인 병의 크기와 호칭

■ **보르도(Bordeaux) 지역**
- 보통(0.75리터) = Normal Bottle
- 매그넘(1.5리터) = Magnum
- 마리잔느(2.25리터) = Mari-Jeanne
- 더블 매그넘(3리터) = Double Magnum
- 여로보암(4.5리터) = Jeroboam
- 임페리얼(6리터) = Impériale
- 살마나자르(9리터) = Salmanasar
- 발타자르(12리터) = Balthasar
- 네부카드네자르/나부코(15리터) = Nebukadnesar

■ **샴페인(Champagne)**
- 매그넘(1.5리터) = Magnum

- 여로보암(3리터) = Jeroboam
- 르호보암(4.5리터) = Rehoboam
- 므두젤라(6리터) = Methuselah
- 살마나자(9리터) = Salmanazar
- 발타저(12리터) = Balthazar
- 느부갓네살(15리터) = Nebuchadnezzar
- 솔로몬(20리터) = Solomon
- 프리마(27리터) = Primat(프랑스어로 대주교라는 뜻)

● 그랑 크뤼 클라세(1855년)

- 특 1등급(프리미에 그랑 크뤼 클라세)(Premiers Grand Crus Classés) 5개
- 특 2등급(되지엠 그랑 크뤼 클라세)(Deuxièmes Grand Crus Classés) 14개
- 특 3등급(트로와지엠 그랑 크뤼 클라세)(Troisièmes Grand Crus Classés) 14개
- 특 4등급(카트리엠 그랑 크뤼 클라세)(Quatrièmes Grands Crus Classés) 10개
- 특 5등급(생키엠 그랑 크뤼 클라세)(Cinquièmes Grands Crus Classés) 18개

● 크뤼 부르주아(Cru Bourgeois)(1931)

- 크뤼 브루주아 엑셉시오넬(Cru Bourgeois Exceptionnels) 9개
- 크뤼 부르주아 쉬페리외르(Cru Bourgeois Supèrieurs) 87개
- 크뤼 부르주아(Cru Bourgeois) 151개

● 크뤼 아르티장(Cru Artisans)(1989)

● 미장 부테유 오 샤토 / 도멘(Mis en Bouteille au Chateau / Domaine)

- 병입을 의미하는 용어로 재배자가 포도밭에서 수확부터 와인을 만들어 병입했다는 뜻의 용어

● 비에이유 비뉴(Vieilles Vignes) / V.V

- 오래된(늙은) 포도나무에서 수확한 포도로 만든 와인의 용어

● 부쇼네(Bouchonne) / 코르키(Corky)

- 너무 많은 산소와의 접촉으로 인해 산화된 와인(상한 와인)의 용어

▧ 와인 접대 순서

- Dry before Sweet : 스위트한 와인보다는 드라이한 와인부터 제공한다.
- White before Red : 레드 와인보다는 화이트 와인부터 제공한다.
- Young before Old : 오래 숙성된 와인보다는 영 와인부터 제공한다.

▧ 와인 서비스 및 보관 적정 온도

- 레드 와인 : 14~18℃
- 화이트 와인 : 6~12℃
- 샴페인(스파클링 와인, 발포성 와인) : 4~8℃

▧ 프랑스 보르도 품질 분류 시스템(원산지 명칭 분류)

1) A.O.C(Appellation d'Origine Contrôlée, 아펠라시옹 도리진 콩트롤레)/원산지 통제 명칭

- 생산지의 면적 크기 : Margaux < Haut Médoc < Médoc < Bordeux
- 품질의 순위 : Margaux > Haut Médoc > Médoc > Bordeux

Ex) - Appellation Bordeux Contrôlée : 보르도 지방에서 생산되는 포도만 사용한 것
- Appellation Médoc Contrôlée : 보르도 지방 내에 있는 메독에서 생산된 포도만 사용한 것
- Appellation Haut Médoc Contrôlée : 보르도 지방 내에 있는 오메독에서 생산된 포도만 사용한 것
- Appellation Margaux Contrôlée : 보르도 지방 내에 있는 마고에서 생산된 포도만 사용한 것

Appellation(명칭, 호칭) d'Origine(원산지) **Contrôlée(통제하다, 관리하다)**

2) VDQS(Vin Délimité de Qualité Supérieure, 뱅 델리미테 드 칼리테 쉬페리외르)

- AOC와 유사한 규제를 받지만, 알코올 농도가 낮고 품질은 높지 않은 와인

– AOC가 되기 위한 준비단계

3) Vin de Pays(뱅 드 페이)

– 뱅 드 타블(Vin de Table)에서 특정 산지 및 품종의 특성을 지정하여 탄생한 와인

4) Vin de Table(뱅 드 타블)

– 여러 종류의 와인을 혼합하여 만든 와인으로 특별한 규제는 없기 때문에 품종, 빈티지를 표시할 의무가 없는 와인

● 이탈리아 와인 원산지 표시제도(와인등급 / DOC제도)

(1) DOCG=(Denominazione di Oringine Controllata e Garantita)/(**데노미나초네 디 오리지네 콘트롤라타 에 가란티타**)

– 원산지 명칭 통제 보증이 5년 이상 된 DOC 와인 중 일정한 수준 이상의 와인을 심사하여 결정

(2) DOC=(Denominazione di Oringine Controllata)/(**데노미나초네 디 오리지네 콘트롤라타**)

– 원산지 명칭 통제. 원산지만 나타내고 포도 품종은 표시하지 않는다.

(3) IGT/VdTIGT=(Indicazione Geografica Tipica)/(**인디카초네 제오그라피카 티피카**)

– 광범위한 생산지역을 표시하며, 생산지만 표시하는 것과 포도 품종과 생산지명을 표시하는 두 종류가 있다.

(4) VdT=(Vino de Tavola)/(**비노 다 타볼라**)

– 원산지 구분 없는 테이블 와인이지만 외국산 포도는 블렌딩(혼합) 사용이 안 된다.

– 레이블에는 와인의 색깔(레드, 화이트, 로제)을 표시한다.

● 독일의 와인 원산지 표시제도(와인 등급)

(1) Prädikatswein(**프레디카츠바인**)/QmP

– QmP라고 했으나, 2007년부터 프레디카츠바인으로 변경

– 발효 전 포도즙에 설탕을 첨가하지 못하지만, 경우에 따라 보관한 포도 주스를 혼합할 수 있다.

– 당이 남아 있을 때 발효를 중단하여 달게 만든다.

– 수확방법에 따른 6개 명칭

❶ 카비네트(Kabinett)

가벼운 느낌의 드라이 또는 약간 스위트한 와인

❷ 슈페트레제(Spätlese)

늦게 수확하여 만든 와인. 당도가 높아진 다음 늦게 수확한 포도로 만든 와인

❸ 아우스레제(Auslese)

과숙한 포도만을 선택 수확하여 만든 와인. 완전히 익어야 하고 썩거나 상한 것이 없어야 한다.

일반적으로 스위트이지만 드라이도 있다.

❹ 베렌아우스레제(Beerenauslese)

잘 익은 포도알들을 선택적으로 수확하여 만든 와인. 스위트한 와인

❺ 아이스바인(Eiswein)

겨울까지 기다린 다음 포도를 얼린 상태로 수확하여 해동하지 않고 즙을 짜서 만든 와인. 산도 때문에 장기간 보관할 수 있는 와인

❻ 트로켄베렌아우스레제(Trockenbeerenauslese, TBA)

귀부 와인으로 "보트리티스 시네레아(Botrytis Cinerea)"균이 낀 포도알을 선택적으로 수확하여 만든 와인. 매우 스위트한 와인

(2) Qualitatswein Bestimmter Anbaugebiete(**쿠발리테츠바인 베슈팀터 안바우게비테**)/Qba

– 특정 지역에서 생산되는 품질 와인으로 13개 와인 생산 지역들 중 하나의 지역에서 허가된 품종으로 생산해야 함

– 레이블에 생산지역을 표기해야 함

(3) Landwein(**란트바인**)

– 1982년에 프랑스 "뱅 드 페이"를 모방하여 도입한 것

(4) Tafelwein(**타펠바인**)

– 프랑스 "뱅 드 타블 " 와인에 해당되며 테이블 와인이다.

– 재배지 구분이 없는 낮은 등급의 와인(EU 구역 내의 모든 포도 사용 가능)

– 알코올 8.5% 이상

● 스페인 와인의 원산지 표시 제도(와인 등급 / DO)

– 프랑스 AOC와 유사한 DO(Denominació de Origen)제도를 실시하고 있다.

– 1932년에 DO(데노미나시 옹 데 오리젠 : Denominaci on de Origen)시스템이 탄생했고 1970년에 개정되었다.

(법적인 분류)

(1) Denominación de Pagos(**데노미나시온 데 파고**, DO de Pago, **단일 포도밭 와인**)

– 이 카테고리는 원산지 명칭 보호라는 뜻으로 세계적으로 명성 있는 단일 포도원을 위한 명칭임

(2) Denominación de Origen Calificada(**데노미나시온 데 오리헨**, DOCa/DDQ, **특정 원산지 명칭**)

– DO보다 한 단계 위의 와인으로 인증된 원산지 명칭이란 뜻이며 이탈리아 DOCG와 유사하다.

(3) Denominación de Origen(**데노미나시온 데 오리헨**, DO, **원산지 명칭 와인**)

– 프랑스의 AOC와 비슷한 DO로서 고급 와인 생산지역으로 70개가 지정되어 있다.

(4) Vino de Calidad con Indicacion Geografica(**비노 데 칼리타드 콘 인디카시온 지오그라피카**, VCIG, **지역명칭 고급 와인**)

– 2003년 새롭게 제정되었으며 지리적 표시가 있는 고급 와인으로 프랑스의 VDQS와 유사하다.

(5) Vino de la Tierra(**비노 데 라 티에라**, VdIT)

– 프랑스 뱅 드 페이(Vin de Pays)와 유사한 것으로 지방 자치지역과 같이 광범위한 지명이 붙고, 와인의 특성을 표시할 수 있다.

(6) Vino de Mesa(**비노 데 메사**, VdM)

– 지리적 명칭이 없으며 여러 지역의 포도 품종을 블렌딩한 와인으로 포도 품종과 빈티지를 표시하지 않는다.

– 테이블 와인(Table Wine)에 속한다.

(숙성에 관한 규정)

– 예전에는 DO급에만 적용되어, 크리안자(Crianza), 레제르바 (Reserva), 그란 레제르바(Gran Reserva)라고 표기했지만, 이제는 모든 와인에 적용된다.

■ Crianza(**크리안자**)

– 6개월 동안 오크통(300L 이하) 숙성을 포함 2년 숙성, 화이트와 로제는 오크통 6개월 포함 1년 숙성

■ Reserva(**레제르바**)

– 1년 동안 오크통(300L 이하) 숙성을 포함 3년 숙성, 화이트와 로제는 오크통 6개월 포함 2년 숙성

■ Gran Reserva(**그란 레제르바**)

– 18개월 동안 오크통(300L 이하) 숙성 포함 5년 숙성, 화이트와 로제는 오크통 6개월 포함 4년 숙성

● 포르투갈 와인의 원산지 표시 제도(와인 등급)

– 원산지 통제는 1113년부터 개인적으로 실시하기도 했지만, 범국가적인 제도는 1756년 포르투갈 도루(Douro)의 지역 명칭 시스템에서 출발하였다. 이는 프랑스 명칭 시스템보다 200년 정도 일찍 시작하였으며 유럽 와인 체계 중 가장 높은 분류 시스템이다.

– 1987년 EU에 가입하면서 프랑스 AOC모델을 적용하여 다시 제정하였다.

(1) DOC(Denominaçao de Origem Controlada : **제노미나시옹 드 오리젱 콘트롤라다**)

– 원산지 명칭 통제 와인으로 프랑스 AOC, 이탈리아의 DOC, 스페인의 DO와 유사한 개념이다.

– 24개 지역이 지정되어 있으며 레이블에 표기할 수 있다.

(2) IPR(Indicação de Proveniencia Regulamentada : **인디카시옹 드 프로베니엔시아 헤굴라멘타다**)

– 우수 품질 제한 와인으로서 프랑스의 VDQS와 유사하다.

(3) Vinho Regional(**비뉴 헤지오나우**)

– 프랑스의 뱅드 페이(Vin de Pays)와 유사하다.

(4) Vinho de Mesa(비뉴 드 메자)

– 테이블 와인(Table Wine)으로 프랑스 뱅 드 타블(Vin de Table)과 유사하다.

▧ 와인 서비스(Service) 방법

1. 호스트(Host)에게 와인 리스트(Wine List)를 보여주고 주문을 받은 후 주문한 와인을 준비한다.
   (빈티지가 오래된 와인일 경우 와인 버킷을 사용해 눕힌 채로 서브(Serve)한다.)
2. 와인을 호스트에게 확인시킨 후(라벨 확인) 눕힌 채로 소믈리에 나이프를 사용하여 와인 포일을 벗겨낸다.
   (병 속에 가라앉은 주석산염 등 침전물이 섞이지 않도록 주의)
3. 소믈리에 나이프를 사용하여 천천히 코르크를 뺀다.
4. 빼낸 코르크의 상태를 눈으로 확인한 후 냄새를 맡아본다.
5. 호스트에게 코르크 상태를 확인시키면서 설명한 후 접시에 둔다.
   (와인의 변질 및 이상 유무 확인)
6. 호스트에게 먼저 와인의 이상 유무 확인을 위한 테이스팅을 허락 받은 후 소믈리에 글라스에 소량의 와인을 붓고 뒤돌아서 시음한다(1~2온스 정도: 30~60ml).
   (시음할 때 소믈리에가 사용하는 잔을 타스트뱅(Tastevin)이라고 한다)
7. 이상 유무를 호스트에게 말한 뒤 디켄팅 허락을 받는다.
   (변질된 와인은 새로운 와인으로 교환해준다)
8. 디켄팅을 위해 디켄터와 양초 그리고 소믈리에 글라스를 준비한다.
9. 소량의 와인을 디켄터(Decanter)에 부어서 브래싱(Breathing)을 해준다.
10. 브래싱한 와인은 소믈리에 글라스에 붓는다.
    (경우에 따라 한 번 더 테이스팅을 한다)
11. 와인의 나머지 포일을 벗겨낸 후 성냥이나 라이터를 사용해 촛불에 불을 붙인다.
12. 조심해서 촛불에 병을 비추면서(병의 어깨부분) 디켄터 벽을 따라 천천히 와인을 붓는다.
13. 침전물이 나오지 않도록 와인을 남긴다(1온스 정도 30ml).
14. 호스트에게 먼저 테이스팅을 하게 한 후 허락이 떨어지면 호스트를 중심으로 시계방향으로 게스트(Guest)부터 와인을 제공한다.

(글라스에 1/2~1/3 정도 따른다)

15. 마지막으로 호스트 잔에 첨잔을 하고 마무리한다.
    (시계방향으로 와인을 제공. 오른손으로 제공. 마지막에 호스트에게 와인 제공)

▧ 와인 에티켓(Etiquette)

1. 호스트가(Host)가 계산을 하는 사람이며 그날의 주인공이기 때문에 모든 결정권은 호스트에게 있다.
2. 와인을 마실 때는 독한 담배나 자극적인 음식은 피한다.
3. 한 잔을 3~4회 나누어 마시며 한 번에 마시지 않는다.
4. 와인을 따를 때는 글라스를 들거나 손을 대면 안 된다.
5. 게스트(Guest)는 호스트(Host)에게 먼저 와인을 권하지 않으며 호스트의 지시에 따라 와인을 마신다.
6. 침전물이 섞일 수 있기 때문에 와인병은 흔들면 안 된다.
7. 와인을 서브할 때에는 손님의 오른쪽에서 오른손을 이용한다(Clock System).

1회차 – 드라이 마티니, 싱가포르 슬링, 니그로니, 애프리코트

2회차 – 맨해튼, 브랜디알렉산더, 그래스호퍼, 롱아일랜드 아이스티

3회차 – 다이키리, 바카디, 쿠바 리브레, 애플 마티니

4회차 – 블랙 러시안, 러스티 네일, 모스코뮬, 테킬라 선라이즈

5회차 – 올드패션드, 위스키 사워, 뉴욕, 프레시 레몬 스쿼시

6회차 – 진 피즈, 시브리즈, 코스모폴리탄, 마가리타

7회차 – 사이드카, 허니문, 키르, 풋사랑

8회차 – 금산, 고창, 힐링, 진도

9회차 – 푸즈 카페, 비-오십이, 준벅

10회차 – 버진 프루트 펀치, 마이-타이, 피나 콜라다, 블루 하와이안

2024년 추가 레시피 – 불바디에

CHAPTER 2

10회 완성 조주기능사 실기 레시피 40가지

Dry Martini
드라이 마티니 01

- **기주(Base)** : 드라이 진(Dry Gin)
- **기법(Technic)** : 스터(Stir)
- **글라스(Glass)** : 칵테일 글라스(Cocktail Glass)
- **장식(Garnish)** : 그린 올리브(Green Olive)

| Recipe

- **드라이 진(Dry Gin)** : 2oz (60ml)
- **드라이 베르무트(버무스)(Dry Vermouth)** : 1/3oz (10ml)

| 순서

❶ 칵테일 글라스에 얼음을 넣어 차갑게 만든다(Glass Chilling).

❷ 믹싱 글라스에 얼음을 넣고(2/3 정도) 드라이 진 2온스, 드라이 베르무트(버무스) 1/3온스를 지거를 사용하여 넣는다.

❸ 바 스푼을 사용하여 15회 정도 저어 준다.

❹ 칠링한 칵테일 글라스의 얼음을 비워낸다.

❺ 스트레이너를 사용하여 믹싱 글라스의 완성된 칵테일을 칵테일 글라스에 옮겨 담는다.

❻ 아이스 텅을 사용하여 그린 올리브를 칵테일 픽에 꽂아 완성된 칵테일 글라스 안에 넣는다.

❼ 코스터(Coaster)를 깔고 그 위에 완성된 칵테일을 제공한다.

Singapore Sling
싱가포르 슬링 02

- **기주(Base)** : 드라이 진(Dry Gin)
- **기법(Technic)** : 셰이크(Shake) / 빌드(Build)
- **글라스(Glass)** : 다리가 있는 필스너 글라스(Footed Pilsner Glass)
- **장식(Garnish)** : 오렌지 슬라이스와 체리(A Slice of Orange & Cherry)

| Recipe

- **드라이 진(Dry Gin)** : 1 1/2oz (45ml)
- **레몬 주스(Lemon Juice)** : 1/2oz (15ml)
- **파우더 설탕(Powdered Sugar)** : 1tsp (5ml)
- **소다 워터 가득 (Fill with Soda Water)**
- **체리 브랜디 온탑(On Top With Cherry Flavored Brandy)** : 1/2oz (15ml)

| 순서

❶ 다리가 있는 필스너 글라스에 얼음을 넣어 차갑게 만든다(Glass Chilling).

❷ 셰이커에 얼음을 넣고(2/3 정도) 드라이 진 1 1/2온스, 레몬주스 1/2온스를 지거를 사용하여 넣고 설탕 1티스푼을 바 스푼을 사용하여 넣는다.

❸ 셰이커의 뚜껑을 닫고 15회 정도 흔들어 준다.

❹ 칠링한 글라스의 얼음을 비워 내지 않고 스트레이너를 사용하여 녹은 얼음물을 비워 내거나, 칠링한 얼음을 버리고 다시 새로운 얼음을 채워 넣는다.

❺ 필스너 글라스 ❹에 셰이커의 칵테일을 부어준다.

❻ 소다워터를 글라스에 80% 정도 부어주고 바 스푼을 사용해 2~3회 정도 가볍게 저어준다.

❼ 지거를 사용하여 체리 브랜디 1/2온스를 ❻에 부어준다(온탑).

❽ 오렌지 슬라이스와 체리장식을 글라스 안에 넣는다.

❾ 코스터(Coaster)를 깔고 그 위에 완성된 칵테일을 제공한다.

* 온탑을 한 후에는 바 스푼으로 젓지 않아도 된다.

Negroni
니그로니

03

- **기주(Base)** : 드라이 진(Dry Gin)
- **기법(Technic)** : 빌드(Build)
- **글라스(Glass)** : 올드패션드 글라스(Old-fashioned Glass)
- **장식(Garnish)** : 레몬 껍질 꽈배기(Twist of Lemon Peel)

| Recipe

- **드라이 진(Dry Gin)** : 3/4oz (22.5ml)
- **스위트 베르무트(버무스)(Sweet Vermouth)** : 3/4oz (22.5ml)
- **캄파리(Campari)** : 3/4oz (22.5ml)

| 순서

❶ 올드패션드 글라스에 얼음을 넣는다(2/3 정도).

* 빌드법은 칠링없이 바로 글라스에 만들면 된다.

❷ 지거를 사용하여 드라이 진 3/4온스, 스위트 베르무트(버무스) 3/4온스, 캄파리 3/4온스를 올드패션드 글라스에 부어 준다.

❸ 바 스푼을 사용하여 3~5회 정도 저어준다.

❹ 한쪽은 아이스 텅을 사용하고 다른 한쪽은 손(손가락)을 사용하여 완성된 칵테일 위에서 레몬 껍질을 꼬아 준 후 글라스 안에 넣어 준다.

❺ 코스터(Coaster)를 깔고 그 위에 완성된 칵테일을 제공한다.

Apricot
애프리코트

04

○ **기주(Base)** : 애프리코트 브랜디(Apricot Flavored Brandy)
○ **기법(Technic)** : 셰이크(Shake)
○ **글라스(Glass)** : 칵테일 글라스(Cocktail Glass)
○ **장식(Garnish)** : 없음

| Recipe

○ **애프리코트 브랜디(Apricot Flavored Brandy)** : 1 1/2oz (45ml)
○ **드라이 진(Dry Gin)** : 1tsp (5ml)
○ **레몬 주스(Lemon Juice)** : 1/2oz (15ml)
○ **오렌지 주스(Orange Juice)** : 1/2oz (15ml)

| 순서

❶ 칵테일 글라스에 얼음을 넣어 차갑게 만든다(Glass Chilling).

❷ 셰이커에 얼음을 넣고(2/3 정도) 애프리코트 브랜디 1 1/2온스, 드라이진 1티스푼, 레몬 주스 1/2온스, 오렌지 주스 1/2온스를 지거를 사용하여 넣는다.

＊Tsp는 분말은 바 스푼을 사용하고(설탕 등), 액상(주스 및 주류 등)은 지거나 바 스푼 사용해도 됨

❸ 셰이커의 뚜껑을 닫고 15회 정도 흔들어 준다.

❹ 칠링한 글라스의 얼음을 비워내고 셰이커의 칵테일을 부어준다.

❺ 코스터(Coaster)를 깔고 그 위에 완성된 칵테일을 제공한다.

Manhattan

맨해튼 05

- 기주(Base) : 버번 위스키(Bourbon Whiskey)
- 기법(Technic) : 스터(Stir)
- 글라스(Glass) : 칵테일 글라스(Cocktail Glass)
- 장식(Garnish) : 체리(Cherry)

| Recipe

- 버번 위스키(Bourbon Whiskey) : 1 1/2oz (45ml)
- 스위트 베르무트(버무스)(Sweet Vermouth) : 3/4oz (22.5ml)
- 앙고스트라 비터(Angostura Bitters) : 1dash (1ml)

| 순서

❶ 칵테일 글라스에 얼음을 넣어 차갑게 만든다(Glass Chilling).

❷ 믹싱 글라스에 얼음을 넣고(2/3 정도) 앙고스트라 비터 1대시를 먼저 넣은 후, 버번 위스키 1 1/2온스, 스위트 베르무트(버무스) 3/4온스를 지거를 사용하여 넣는다.

❸ 바 스푼을 사용하여 15회 정도 저어 준다.

❹ 칠링한 칵테일 글라스의 얼음을 비워낸다.

❺ 스트레이너를 사용하여 믹싱 글라스의 완성된 칵테일을 칵테일 글라스에 옮겨 담는다.

❻ 아이스 텅을 사용하여 체리를 칵테일 픽에 꽂아 완성된 칵테일 글라스 안에 넣는다.

❼ 코스터(Coaster)를 깔고 그 위에 완성된 칵테일을 제공한다.

Brandy Alexander

브랜디알렉산더 06

- **기주(Base)** : 브랜디(Brandy)
- **기법(Technic)** : 셰이크(Shake)
- **글라스(Glass)** : 칵테일 글라스(Cocktail Glass)
- **장식(Garnish)** : 넛맥(육두구) 파우더(Nutmeg Powder)

| Recipe

- **브랜디(Brandy)** : 3/4oz (22.5ml)
- **크렘드 카카오 브라운(Crème de Cacao Brown)** : 3/4oz (22.5ml)
- **우유(Light Milk)** : 3/4oz (22.5ml)

| 순서

❶ 칵테일 글라스에 얼음을 넣어 차갑게 만든다(Glass Chilling).

❷ 셰이커에 얼음을 넣고(2/3 정도) 브랜디 3/4온스, 크렘드 카카오 브라운 3/4온스, 우유 3/4온스를 지거를 사용하여 넣는다.

❸ 셰이커의 뚜껑을 닫고 10회 정도 흔들어 준다.

＊우유가 들어가는 칵테일은 셰이커를 많이 흔들지 않는다(거품 생김).

❹ 칠링한 글라스의 얼음을 비워내고 셰이커의 칵테일을 부어준다.

❺ 넛맥(육두구)파우더를 칵테일 안에 뿌려준다.

❻ 코스터(Coaster)를 깔고 그 위에 완성된 칵테일을 제공한다.

Grasshopper
그래스호퍼 07

ㅇ **기주(Base)** : 크렘드 민트 그린(Crème de Menthe Green)
ㅇ **기법(Technic)** : 셰이크(Shake)
ㅇ **글라스(Glass)** : 샴페인 글라스 소서형(Champagne Glass Saucer)
ㅇ **장식(Garnish)** : 없음

| Recipe

ㅇ **크렘드 민트(멘떼) 그린(Crème de Menthe Green)** : 1oz (30ml)
ㅇ **크렘드 카카오 화이트(Crème de Cacao White)** : 1oz (30ml)
ㅇ **우유(Light Milk)** : 1oz (30ml)

| 순서

❶ 샴페인 글라스(소서형)에 얼음을 넣어 차갑게 만든다(Glass Chilling).

❷ 셰이커에 얼음을 넣고(2/3 정도) 크렘드 민트 그린 1온스, 크렘드 카카오 화이트 1온스, 우유 1온스를 지거를 사용하여 넣는다.

* 우유가 들어 가는 칵테일은 셰이커를 많이 흔들지 않는다(거품 생김).

❸ 셰이커의 뚜껑을 닫고 10회 정도 흔들어 준다.

❹ 칠링한 글라스의 얼음을 비워내고 셰이커의 칵테일을 부어준다.

❺ 코스터(Coaster)를 깔고 그 위에 완성된 칵테일을 제공한다.

Long Island Iced Tea

롱아일랜드 아이스티 08

○ **기주(Base)** : 보드카(Vodka), 드라이 진(Dry Gin), 라이트 럼(Light Rum), 테킬라(Tequila)
○ **기법(Technic)** : 빌드(Build)
○ **글라스(Glass)** : 콜린스 글라스(Collins Glass)
○ **장식(Garnish)** : 레몬 또는 라임 웨지(A Wedge of Lemon or Lime)

| Recipe

○ **보드카(Vodka)** : 1/2oz (15ml)
○ **드라이 진(Dry Gin)** : 1/2oz (15ml)
○ **라이트 럼 (Light Rum)** : 1/2oz (15ml)
○ **테킬라 (Tequila)** : 1/2oz (15ml)
○ **트리플 섹 (Triple Sec)** : 1/2oz (15ml)
○ **스위트 & 사워 믹스 (Sweet & Sour Mix)** : 1 1/2oz (45ml)
○ **콜라 온탑 (On Top with Cola)**

| 순서

❶ 콜린스 글라스에 얼음을 넣는다(2/3 정도).

❷ 보드카 1/2 온스, 드라이 진 1/2온스, 라이트 럼 1/2온스, 테킬라 1/2온스, 트리플 섹 1/2온스, 스위트 & 사워 믹스 1 1/2온스를 지거를 사용해 콜린스 글라스에 직접 부어준다.

❸ 바 스푼을 사용해 3~5회 정도 가볍게 섞어(저어)준다.

❹ 콜라를 부어 준다(80~90% 정도 될 때까지)(온탑).

❺ 아이스 텅을 사용하여 레몬 또는 라임 웨지를 글라스 안에 넣어 준다.

❻ 코스터(Coaster)를 깔고 그 위에 완성된 칵테일을 제공한다.

＊온탑을 한 후에는 바 스푼으로 젓지 않아도 된다.

Daiquiri
다이키리 09

- **기주(Base)** : 라이트 럼(Light Rum)
- **기법(Technic)** : 셰이크(Shake)
- **글라스(Glass)** : 칵테일 글라스(Cocktail Glass)
- **장식(Garnish)** : 없음

| Recipe

- **라이트 럼(Light Rum)** : 1 3/4oz (52.5ml)
- **라임 주스(Lime Juice)** : 3/4oz (22.5ml)
- **파우더 설탕(Powdered Sugar)** : 1tsp (5ml)

| 순서

❶ 칵테일 글라스에 얼음을 넣어 차갑게 만든다(Glass Chilling).

❷ 셰이커에 얼음을 넣고(2/3 정도) 라이트 럼 1 3/4온스, 라임 주스 3/4온스를 지거를 사용하여 넣고, 설탕 또는 파우더 설탕 1티스푼은 바 스푼을 사용하여 셰이커에 넣는다.

❸ 셰이커의 뚜껑을 닫고 15회 정도 흔들어 준다.

❹ 칠링한 글라스의 얼음을 비워내고 셰이커의 칵테일을 부어준다.

❺ 코스터(Coaster)를 깔고 그 위에 완성된 칵테일을 제공한다.

＊바카디 화이트 럼을 사용해도 됨

Bacardi
바카디 10

제3회차

- **기주(Base)** : 바카디 럼 화이트(Bacardi Rum White)
- **기법(Technic)** : 셰이크(Shake)
- **글라스(Glass)** : 칵테일 글라스(Cocktail Glass)
- **장식(Garnish)** : 없음

| Recipe

- **바카디 럼 화이트(Bacardi Rum White)** : 1 3/4oz (52.5ml)
- **라임 주스(Lime Juice)** : 3/4oz (22.5ml)
- **그레나딘 시럽 (Grenadine Syrup)** : 1tsp (5ml)

| 순서

❶ 칵테일 글라스에 얼음을 넣어 차갑게 만든다(Glass Chilling).

❷ 셰이커에 얼음을 넣고(2/3 정도) 바카디 화이트 럼 1 3/4온스, 라임 주스 3/4온스를 지거를 사용하여 넣고, 그레나딘 시럽 1티스푼은 지거 또는 바 스푼을 사용하여 셰이커에 넣는다.

❸ 셰이커의 뚜껑을 닫고 15회 정도 흔들어 준다.

❹ 칠링한 글라스의 얼음을 비워내고 셰이커의 칵테일을 부어준다.

❺ 코스터(Coaster)를 깔고 그 위에 완성된 칵테일을 제공한다.

* 반드시 바카디 화이트 럼을 사용

Cuba Libre

쿠바 리브레

11

- **기주(Base)** : 라이트 럼(Light Rum)
- **기법(Technic)** : 빌드(Build)
- **글라스(Glass)** : 하이볼 글라스(Highball Glass)
- **장식(Garnish)** : 레몬 웨지(A Wedge of Lemon)

| Recipe

- **라이트 럼(Light Rum)** : 1 1/2oz (45ml)
- **라임 주스(Lime Juice)** : 1/2oz (15ml)
- **콜라 가득(Fill with Cola)** : Fill

| 순서

❶ 하이볼 글라스에 얼음을 넣는다(2/3 정도).

❷ 하이볼 글라스에 라이트 럼 1 1/2온스, 라임 주스 1/2온스를 지거를 사용하여 넣고, 콜라를 가득(80~90% 정도) 채운다.

❸ 바 스푼을 사용해 가볍게 저어준다(2~3회 정도).

❹ 아이스 텅을 사용하여 레몬 웨지를 글라스 안에 넣어 준다.

❺ 코스터(Coaster)를 깔고 그 위에 완성된 칵테일을 제공한다.

* 바카디 화이트 럼을 사용해도 됨

Apple Martini

애플 마티니 12

- 기주(Base) : 보드카(Vodka)
- 기법(Technic) : 셰이크(Shake)
- 글라스(Glass) : 칵테일 글라스(Cocktail Glass)
- 장식(Garnish) : 사과 슬라이스(A Slice of Apple)

| Recipe

- **보드카(Vodka)** : 1oz (30ml)
- **애플 퍼커/사워 애플 리큐르(Apple Pucker/Sour apple Liqueur)** : 1oz (30ml)
- **라임 주스 (Lime Juice)** : 1/2oz (15ml)

| 순서

❶ 칵테일 글라스에 얼음을 넣어 차갑게 만든다(Glass Chilling).

❷ 셰이커에 얼음을 넣고(2/3 정도) 보드카 1온스, 애플 퍼커/사워 애플 리큐르 1온스, 라임주스 1/2온스를 지거를 사용하여 넣는다.

❸ 셰이커의 뚜껑을 닫고 15회 정도 흔들어 준다.

❹ 칠링한 글라스의 얼음을 비워내고 셰이커의 칵테일을 부어준다.

❺ 아이스 텅을 사용하여 사과 슬라이스를 칵테일 잔 안에 넣어 준다(글라스 림 부위에 꽂아도 됨).

❻ 코스터(Coaster)를 깔고 그 위에 완성된 칵테일을 제공한다..

Black Russian

블랙 러시안 13

- **기주(Base)** : 보드카(Vodka)
- **기법(Technic)** : 빌드(Build)
- **글라스(Glass)** : 올드패션드 글라스(Old-Fashioned Glass)
- **장식(Garnish)** : 없음

| Recipe

- **보드카(Vodka)** : 1oz (30ml)
- **커피 리큐르(칼루아)(Coffee Liqueur / Kahlua)** : 1/2oz (15ml)

| 순서

❶ 올드패션드 글라스에 얼음을 넣는다(2/3 정도).

❷ 보드카 1온스, 커피리큐르(칼루아) 1/2온스를 지거를 사용하여 올드패션드 글라스에 부어 준다.

❸ 바 스푼을 사용하여 3~5회 정도 저어준다.

❹ 코스터(Coaster)를 깔고 그 위에 완성된 칵테일을 제공한다.

Rusty Nail

러스티 네일 14

- **기주(Base)** : 스카치 위스키(Scotch Whisky)
- **기법(Technic)** : 빌드(Build)
- **글라스(Glass)** : 올드패션드 글라스(Old-Fashioned Glass)
- **장식(Garnish)** : 없음

제4회차

| Recipe

- **스카치 위스키(Scotch Whisky)** : 1oz (30ml)
- **드람뷰이(Drambuie)** : 1/2oz (15ml)

| 순서

1. 올드패션드 글라스에 얼음을 넣는다(2/3 정도).
2. 스카치 위스키 1온스, 드람뷰이 1/2온스를 지거를 사용하여 올드패션드 글라스에 부어 준다.
3. 바 스푼을 사용하여 3~5회 정도 저어준다.
4. 코스터(Coaster)를 깔고 그 위에 완성된 칵테일을 제공한다.

Moscow Mule

모스코뮬 15

- **기주(Base)** : 보드카(Vodka)
- **기법(Technic)** : 빌드(Build)
- **글라스(Glass)** : 하이볼 글라스(Highball Glass)
- **장식(Garnish)** : 레몬 또는 라임 슬라이스(A Slice of Lemon or Lime)

| Recipe

- **보드카(Vodka)** : 1 1/2oz (45ml)
- **라임 주스(Lime Juice)** : 1/2oz (15ml)
- **진저 에일 가득(Fill with Ginger Ale)** : Fill

| 순서

❶ 하이볼 글라스에 얼음을 넣는다(2/3 정도).

❷ 하이볼 글라스에 보드카 1 1/2온스, 라임 주스 1/2온스를 지거를 사용하여 넣고, 진저 에일을 가득(80~90% 정도) 채운다.

❸ 바 스푼을 사용해 가볍게 저어준다(2~3회 정도).

❹ 아이스 텅을 사용하여 레몬 또는 라임 슬라이스를 글라스 안에 넣어 준다.

❺ 코스터(Coaster)를 깔고 그 위에 완성된 칵테일을 제공한다.

Tequila Sunrise
테킬라 선라이즈 16

- **기주(Base)** : 테킬라(Tequila)
- **기법(Technic)** : 빌드(Build) / 플로트(Float)
- **글라스(Glass)** : 다리가 있는 필스너 글라스(Footed Pilsner Glass)
- **장식(Garnish)** : 없음

| Recipe

- **테킬라(Tequila)** : 1 1/2oz (45ml)
- **오렌지 주스 가득(Fill with Orange Juice)** : Fill
- **그레나딘 시럽(Grenadine Syrup)** : 1/2oz (15ml)

| 순서

❶ 다리가 있는 필스너 글라스에 얼음을 넣는다(2/3 정도).

❷ 글라스에 지거를 사용하여 데칼라 1 1/2온스를 넣고, 오렌지 주스를 가득 부어 준다(80% 정도).

❸ 바 스푼을 사용하여 가볍게 저어 준다(3~5회 정도).

❹ 바 스푼과 지거를 사용하여 그레나딘 시럽 1/2온스를 플로팅 한다.

❺ 코스터(Coaster)를 깔고 그 위에 완성된 칵테일을 제공한다.

Old Fashioned

올드패션드 17

- **기주(Base)** : 버번 위스키(Bourbon Whiskey)
- **기법(Technic)** : 빌드(Build)
- **글라스(Glass)** : 올드패션드 글라스(Old-Fashioned Glass)
- **장식(Garnish)** : 오렌지 슬라이스 & 체리(A Slice of Orange and Cherry)

제5회차

| Recipe

- **버번 위스키(Bourbon Whiskey)** : 1 1/2oz (45ml)
- **파우더 설탕(Powdered Sugar)** : 1tsp (5ml)
- **앙고스트라 비터(Angostura Bitters)** : 1dash (1ml)
- **소다 워터(Soda Water)** : 1/2oz (15ml)

| 순서

❶ 올드패션드 글라스에 파우더 설탕 1 티스푼을 넣는다.

❷ 앙고스트라 비터 1대시를 넣은 후 소다 워터 1/2온스를 지거를 사용하여 넣는다.

❸ 바 스푼을 사용하며 저어준다(10회 정도).

❹ 얼음을 올드패션드 글라스 안에 넣는다(2/3 정도).

❺ 버번 위스키 1 1/2온스를 지거를 사용하여 넣는다.

❻ 바 스푼을 사용하여 가볍게 저어 준다(3~5회).

❼ 아이스 텅을 사용하여 가니시 픽에 오렌지 슬라이스 & 체리 장식을 꽂아 글라스 안에 넣어 준다.

❽ 코스터(Coaster)를 깔고 그 위에 완성된 칵테일을 제공한다.

* 각 설탕에서 파우더 설탕으로 변경

Whiskey Sour

위스키 사워 18

ㅇ **기주(Base)** : 버번 위스키(Bourbon Whiskey)
ㅇ **기법(Technic)** : 셰이크(Shake) / 빌드(Build)
ㅇ **글라스(Glass)** : 사워 글라스(Sour Glass)
ㅇ **장식(Garnish)** : 레몬 슬라이스 & 체리(A Slice of Lemon and Cherry)

제5회차

| Recipe

ㅇ **버번 위스키(Bourbon Whiskey)** : 1 1/2oz (45ml)
ㅇ **레몬 주스(Lemon Juice)** : 1/2oz (15ml)
ㅇ **파우더 설탕(Powdered Sugar)** : 1tsp (5ml)
ㅇ **소다 워터 온탑(On Top with Soda Water)** : 1oz (30ml)

| 순서

❶ 사워 글라스에 얼음을 넣어 차갑게 만든다(Glass Chilling).

❷ 셰이커에 얼음을 넣고(2/3 정도) 버번 위스키 1 1/2온스, 레몬 주스 1/2온스를 지거를 사용하여 넣고, 설탕 또는 파우더 설탕 1tsp을 바 스푼을 사용하여 넣는다.

❸ 셰이커의 뚜껑을 닫고 15회 정도 흔들어 준다.

❹ 칠링한 글라스의 얼음을 비워내고 셰이커의 칵테일을 부어준다.

❺ 소다 워터 1온스를 지거를 사용하여 넣는다(온탑).

❻ 아이스 텅을 사용하여 가니시 픽에 레몬 슬라이스 & 체리 장식을 꽂아 글라스 림 부분에 얹어 준다.

❼ 코스터(Coaster)를 깔고 그 위에 완성된 칵테일을 제공한다.

* 온탑을 한 후에는 바 스푼으로 젓지 않아도 된다.

New York
뉴욕

19

- **기주(Base)** : 버번 위스키(Bourbon Whiskey)
- **기법(Technic)** : 셰이크(Shake)
- **글라스(Glass)** : 칵테일 글라스(Cocktail Glass)
- **장식(Garnish)** : 레몬 껍질 꽈배기(Twist of Lemon Peel)

| Recipe

- **버번 위스키(Bourbon Whiskey)** : 1 1/2oz (45ml)
- **라임 주스(Lime Juice)** : 1/2oz (15ml)
- **파우더 설탕(Powdered Sugar)** : 1tsp (5ml)
- **그레나딘 시럽(Grenadine Syrup)** : 1/2tsp (2.5ml)

| 순서

❶ 칵테일 글라스에 얼음을 넣어 차갑게 만든다(Glass Chilling).

❷ 셰이커에 얼음을 넣고(2/3 정도) 버번 위스키 1 1/2온스, 라임 주스 1/2온스를 지거를 사용하고, 설탕 또는 파우더 설탕 1tsp을 바 스푼을 사용하고, 그레나딘 시럽 1/2tsp을 지거 또는 바 스푼을 사용하여 넣는다.

❸ 셰이커의 뚜껑을 닫고 15회 정도 흔들어 준다.

❹ 칠링한 글라스의 얼음을 비워내고 셰이커의 칵테일을 부어준다.

❺ 한쪽은 아이스 텅을 사용하고 다른 한쪽은 손(손가락)을 사용하여 ❹의 칵테일 위에서 레몬 껍질을 꼬아 준 후 칵테일 글라스 안에 넣어준다

❻ 코스터(Coaster)를 깔고 그 위에 완성된 칵테일을 제공한다.

Fresh Lemon Squash

프레시 레몬 스쿼시 20

- **기주(Base)** : 레몬 착즙(Fresh Squeezed Lemon)
- **기법(Technic)** : 빌드(Build)
- **글라스(Glass)** : 하이볼 글라스(Highball Glass)
- **장식(Garnish)** : 레몬 슬라이스(A Slice of Lemon)

제5회차

| Recipe

- **레몬 착즙(Fresh Squeezed Lemon)** : 1/2ea
- **파우더 설탕(Powdered Sugar)** : 2tsp
- **소다 워터 가득(Fill with Soda Water)** : Fill

| 순서

❶ 스퀴저(Squeezer)를 사용하여 레몬 1/2개를 착즙한다.

❷ 하이볼 글라스에 착즙한 레몬즙을 넣고 바 스푼을 사용하여 설탕 2티스푼을 넣은 후 10회 정도 저어준다.

❸ 하이볼 글라스에 얼음을 넣어준다(2/3 정도).

❹ 소다 워터를 가득(80~90%) 부어 준 후 바 스푼을 사용하여 2~3회 정도 가볍게 저어준다.

❺ 아이스 텅을 사용하여 레몬 슬라이스를 글라스에 넣어 준다.

❻ 코스터(Coaster)를 깔고 그 위에 완성된 칵테일을 제공한다.

* 소다 워터 대신 물을 넣어주면 레몬 에이드(Lemonade)가 된다.

Gin Fizz

진 피즈 21

○ **기주(Base)** : 드라이 진(Dry Gin)
○ **기법(Technic)** : 셰이크(Shake) / 빌드(Build)
○ **글라스(Glass)** : 하이볼 글라스(Highball Glass)
○ **장식(Garnish)** : 레몬 슬라이스(A Slice of Lemon)

| Recipe

○ **드라이 진(Dry Gin)** : 1 1/2oz (45ml)
○ **레몬 주스(Lemon Juice)**: 1/2oz (15ml)
○ **파우더 설탕(Powdered Sugar)** : 1tsp (5ml)
○ **소다 워터 가득(Fill with Soda Water)** : Fill

| 순서

❶ 하이볼 글라스에 얼음을 넣는다(2/3 정도)(Glass Chilling).

❷ 셰이커에 얼음을 넣고(2/3 정도) 드라이 진 1 1/2온스, 레몬 주스 1/2온스를 지거를 사용하여 넣고, 설탕 또는 파우더 설탕 1tsp을 바 스푼을 사용하여 넣는다.

❸ 셰이커의 뚜껑을 닫고 15회 정도 흔들어 준다.

❹ 스트레이너를 사용하여 하이볼 글라스 안의 녹은 얼음물을 비워낸다.
＊시간적 여유가 있다면 얼음을 비워 내고 새로운 얼음을 다시 넣어준다.

❺ 셰이커의 칵테일을 글라스에 부어준다.

❻ 소다 워터를 가득 채운다(80~90%).

❼ 바 스푼을 사용하여 가볍게 저어준다(2~3회 정도).

❽ 아이스 텅을 사용하여 레몬 슬라이스를 글라스 안에 넣어 준다.

❾ 코스터(Coaster)를 깔고 그 위에 완성된 칵테일을 제공한다.

Seabreeze

시브리즈 22

- **기주(Base)** : 보드카(Vodka)
- **기법(Technic)** : 빌드(Build)
- **글라스(Glass)** : 하이볼 글라스(Highball Glass)
- **장식(Garnish)** : 레몬 또는 라임 웨지(A Wedge of Lemon or Lime)

| Recipe

- **보드카(Vodka)** : 1 1/2oz (45ml)
- **크랜베리 주스(Cranberry Juice)** : 3oz (90ml)
- **자몽 주스(Grapefruit Juice)** : 1/2oz (15ml)

| 순서

1. 하이볼 글라스에 얼음을 넣는다(2/3 정도).
2. 하이볼 글라스에 보드카 1 1/2온스, 크랜베리 주스 3온스, 자몽 주스 1/2온스를 지거를 사용하여 넣는다.
3. 바 스푼을 사용해 가볍게 저어준다(3~5회).
4. 아이스 텅을 사용하여 레몬 또는 라임 웨지를 글라스 안에 넣어 준다.
5. 코스터(Coaster)를 깔고 그 위에 완성된 칵테일을 제공한다.

Cosmopolitan
코스모폴리탄 23

- **기주(Base)** : 보드카(Vodka)
- **기법(Technic)** : 셰이크(Shake)
- **글라스(Glass)** : 칵테일 글라스(Cocktail Glass)
- **장식(Garnish)** : 레몬 껍질 꽈배기(Twist of Lemon Peel)

| Recipe

- **보드카(Vodka)** : 1oz (30ml)
- **트리플 섹(Triple Sec)** : 1/2oz (15ml)
- **라임 주스(Lime Juice)** : 1/2oz (15ml)
- **크랜베리 주스(Cranberry Juice)** : 1/2oz (15ml)

| 순서

❶ 칵테일 글라스에 얼음을 넣어 차갑게 만든다(Glass Chilling).

❷ 셰이커에 얼음을 넣고(2/3 정도) 보드카 1온스, 트리플 섹 1/2온스, 라임 주스 1/2온스, 크랜베리 주스 1/2온스를 지거를 사용하여 넣는다.

❸ 셰이커의 뚜껑을 닫고 15회 정도 흔들어 준다.

❹ 칠링한 글라스의 얼음을 비워내고 셰이커의 칵테일을 부어준다.

❺ 한쪽은 아이스 텅을 사용하고 다른 한쪽은 손(손가락)을 사용하여 ❹의 칵테일 위에서 레몬 껍질을 꼬아 준 후 칵테일 글라스 안에 넣어 준다.

❻ 코스터(Coaster)를 깔고 그 위에 완성된 칵테일을 제공한다.

Margarita

마가리타 24

- **기주(Base)** : 테킬라(Tequila)
- **기법(Technic)** : 셰이크(Shake)
- **글라스(Glass)** : 칵테일 글라스(Cocktail Glass)
- **장식(Garnish)** : 소금 리밍(Rimming with Salt)

| Recipe

- **테킬라(Tequila)** : 1 1/2oz (45ml)
- **코인트로 또는 트리플 섹(Cointreau or Triple Sec)** : 1/2oz (15ml)
- **라임 주스(Lime Juice)** : 1/2oz (15ml)

| 순서

❶ 칵테일 글라스에 레몬을 사용하여 림 부분에 과즙을 바른 후 소금을 묻혀 준다.
　* 글라스 칠링은 하지 않는다.

❷ 셰이커에 얼음을 넣고(2/3 정도) 테킬라 1 1/2온스, 코인트로 또는 트리플 섹 1/2온스, 라임 주스 1/2온스를 지거를 사용하여 넣는다.

❸ 셰이커의 뚜껑을 닫고 15회 정도 흔들어 준다.

❹ 셰이커의 칵테일을 조심해서 부어준다.

❺ 코스터(Coaster)를 깔고 그 위에 완성된 칵테일을 제공한다.

Sidecar
사이드카 25

- **기주(Base)** : 브랜디(Brandy)
- **기법(Technic)** : 셰이크(Shake)
- **글라스(Glass)** : 칵테일 글라스(Cocktail Glass)
- **장식(Garnish)** : 없음

| Recipe

- **브랜디(Brandy)** : 1oz (30ml)
- **트리플 섹(Triple Sec)** : 1oz (30ml)
- **레몬 주스(Lemon Juice)** : 1/4oz (7.5ml)

| 순서

❶ 칵테일 글라스에 얼음을 넣어 차갑게 만든다(Glass Chilling).

❷ 셰이커에 얼음을 넣고(2/3 정도) 브랜디 1온스, 트리플 섹 1온스, 레몬 주스 1/4 온스를 지거를 사용하여 넣는다.

❸ 셰이커의 뚜껑을 닫고 15회 정도 흔들어 준다.

❹ 칠링한 글라스의 얼음을 비워내고 셰이커의 칵테일을 부어준다.

❺ 코스터(Coaster)를 깔고 그 위에 완성된 칵테일을 제공한다.

Honeymoon
허니문 26

- **기주(Base)** : 애플 브랜디(Apple Brandy)
- **기법(Technic)** : 셰이크(Shake)
- **글라스(Glass)** : 칵테일 글라스(Cocktail Glass)
- **장식(Garnish)** : 없음

| Recipe

- **애플 브랜디(Apple Brandy)** : 3/4oz (22.5ml)
- **베네딕틴 DOM(Benedictine DOM)** : 3/4oz (22.5ml)
- **트리플 섹(Triple Sec)** : 1/4oz (7.5ml)
- **레몬 주스(Lemon Juice)** : 1/2oz (15ml)

| 순서

❶ 칵테일 글라스에 얼음을 넣어 차갑게 만든다(Glass Chilling).

❷ 셰이커에 얼음을 넣고(2/3 정도) 애플 브랜디 3/4온스, 배네딕틴 DOM 3/4 온스, 트리플 섹 1/4온스, 레몬 주스 1/2온스를 지거를 사용하여 넣는다.

❸ 셰이커의 뚜껑을 닫고 15회 정도 흔들어 준다.

❹ 칠링한 글라스의 얼음을 비워내고 셰이커의 칵테일을 부어준다.

❺ 코스터(Coaster)를 깔고 그 위에 완성된 칵테일을 제공한다.

Kir
키르

27

- **기주(Base)** : 화이트 와인(White Wine)
- **기법(Technic)** : 빌드(Build)
- **글라스(Glass)** : 화이트 와인 글라스(White Wine Glass)
- **장식(Garnish)** : 레몬 껍질 꽈배기(Twist of Lemon Peel)

| Recipe

- **화이트 와인 (White Wine)** : 3oz (90ml)
- **크렘드 카시스 (Crème de Cassis)** : 1/2oz (15ml)

제7회차

| 순서

❶ 화이트 와인 글라스를 준비한다(얼음을 넣지 않는다).

* 글라스 칠링은 하지 않는다.

❷ 화이트 와인 글라스에 화이트 와인 3온스, 크렘드 카시스 1/2온스를 지거를 사용하여 넣는다.

❸ 바 스푼을 사용하여 가볍게 저어준다(3~5회).

❹ 한쪽은 아이스 텅을 사용하고 다른 한쪽은 손(손가락)을 사용하여 ❷의 칵테일 위에서 레몬 껍질을 꼬아 준 후 화이트 와인 글라스 안에 넣어준다.

❺ 코스터(Coaster)를 깔고 그 위에 완성된 칵테일을 제공한다.

Puppy Love

풋사랑 28

- **기주(Base)** : 알코올 35% 안동 소주(Andong Soju 35%)
- **기법(Technic)** : 셰이크(Shake)
- **글라스(Glass)** : 칵테일 글라스(Cocktail Glass)
- **장식(Garnish)** : 사과 슬라이스(A Slice of Apple)

| Recipe

- **알코올 35% 안동 소주(Andong Soju)** : 1oz (30ml)
- **트리플 섹(Triple Sec)** : 1/3oz (10ml)
- **애플 퍼커/사워 애플 리큐르(Apple Pucker/Sour apple Liqueur)** : 1oz (30ml)
- **라임 주스(Lime Juice)** : 1/3oz (10ml)

제7회차

| 순서

❶ 칵테일 글라스에 얼음을 넣어 차갑게 만든다(Glass Chilling).

❷ 셰이커에 얼음을 넣고(2/3 정도) 알코올 35% 안동 소주 1온스, 트리플 섹 1/3온스, 애플 퍼커/사워 애플 리큐르 1온스, 라임 주스 1/3온스를 지거를 사용하여 넣는다.

❸ 셰이커의 뚜껑을 닫고 15회 정도 흔들어 준다.

❹ 칠링한 글라스의 얼음을 비워내고 셰이커의 칵테일을 부어준다.

❺ 아이스 텅을 사용하여 사과 슬라이스를 칵테일 잔 안에 넣어 준다(글라스 림 부위에 꽂아도 됨).

❻ 코스터(Coaster)를 깔고 그 위에 완성된 칵테일을 제공한다.

Geumsan

금산 29

- **기주(Base)** : 알코올 43% 금산 인삼주(Geumsan Insamju 43%)
- **기법(Technic)** : 셰이크(Shake)
- **글라스(Glass)** : 칵테일 글라스(Cocktail Glass)
- **장식(Garnish)** : 없음

| Recipe

- **알코올 43% 금산 인삼주(Geumsan Insamju)** : 1 1/2oz (45ml)
- **커피 리큐르(칼루아)(Coffee Liqueur(Kahlua))** : 1/2oz (15ml)
- **애플 퍼커/사워 애플 리큐르(Apple Pucker/Sour apple Liqueur)** : 1/2oz (15ml)
- **라임 주스(Lime Juice)** : 1tsp (5ml)

| 순서

1. 칵테일 글라스에 얼음을 넣어 차갑게 만든다(Glass Chilling).
2. 셰이커에 얼음을 넣고(2/3 정도) 알코올 43% 금산 인삼주 1 1/2온스, 커피리큐르(칼루아) 1/2온스, 애플 퍼커/사워 애플 리큐르 1/2온스를 지거를 사용하고, 라임 주스 1티스푼을 지거 또는 바 스푼을 사용하여 넣는다.
3. 셰이커의 뚜껑을 닫고 15회 정도 흔들어 준다.
4. 칠링한 글라스의 얼음을 비워내고 셰이커의 칵테일을 부어준다.
5. 코스터(Coaster)를 깔고 그 위에 완성된 칵테일을 제공한다.

Gochang
고창 30

- **기주(Base)** : 알코올 19% 선운산 복분자주(Sunwoonsan Bokbunja Wine 19%)
- **기법(Technic)** : 스터(Stir)
- **글라스(Glass)** : 샴페인 플루트 형(Flute Champagne Glass)
- **장식(Garnish)** : 없음

| Recipe

- **알코올 19도 선운산 복분자주(Sunwoonsan Bokbunja Wine)** : 2oz (60ml)
- **트리플 섹(Triple Sec)** : 1/2oz (15ml)
- **스프라이트(Sprite)** : 2oz (60ml)

제8회차

| 순서

❶ 샴페인 플루트형 글라스에 얼음을 넣어 차갑게 만든다(Glass Chilling).

❷ 믹싱 글라스에 얼음을 넣고(2/3 정도) 알코올 19% 선운산 복분자주 2온스, 트리플 섹 1/2온스를 지거를 사용하여 넣는다.

❸ 바 스푼을 이용하여 15회 정도 저어 준다.

❹ 칠링한 샴페인 플루트형 글라스의 얼음을 비워낸다.

❺ 스트레이너를 사용하여 믹싱 글라스의 완성된 칵테일을 샴페인 플루트형 글라스에 옮겨 담는다.

❻ 지거를 사용하여 스프라이트 2온스를 글라스에 직접 넣어 준다.

❼ 바 스푼을 사용하여 글라스가 깨지지 않게 조심해서 가볍게 저어준다(2~3회).

❽ 코스터(Coaster)를 깔고 그 위에 완성된 칵테일을 제공한다.

* 고창 방법을 빌드라고 하는 책들도 있는데 탄산음료를 넣고 스터를 한다는 건 말이 안됨. 그렇게 되면 탄산을 넣을 필요가 없음. 탄산 다 날아감.

Healing
힐링 31

- **기주(Base)** : 알코올 40% 감홍로(Gam Hong Ro 40%)
- **기법(Technic)** : 셰이크(Shake)
- **글라스(Glass)** : 칵테일 글라스(Cocktail Glass)
- **장식(Garnish)** : 레몬 껍질 꽈배기(Twist of Lemon Peel)

| Recipe

- **알코올 40% 감홍로(Gam Hong Ro 40%)** : 1 1/2oz (45ml)
- **베네딕틴 DOM(Benedictine DOM)** : 1/3oz (10ml)
- **크렘드 카시스(Crème de Cassis)** : 1/3oz (10ml)
- **스위트 & 사워 믹스(Sweet & Sour Mix)** : 1oz (30ml)

제8회차

| 순서

❶ 칵테일 글라스에 얼음을 넣어 차갑게 만든다(Glass Chilling).

❷ 셰이커에 얼음을 넣고(2/3 정도) 알코올 40% 감홍로주 1 1/2온스, 베네딕틴 DOM 1/3온스, 크렘드 카시스 1/3온스, 스위트 & 사워 믹스 1온스를 지거를 사용하여 넣는다.

❸ 셰이커의 뚜껑을 닫고 15회 정도 흔들어 준다.

❹ 칠링한 글라스의 얼음을 비워내고 셰이커의 칵테일을 부어준다.

❺ 한쪽은 아이스 텅을 사용하고 다른 한쪽은 손(손가락)을 사용하여 ❹의 칵테일 위에서 레몬 껍질을 꼬아 준 후 칵테일 글라스 안에 넣어준다.

❻ 코스터(Coaster)를 깔고 그 위에 완성된 칵테일을 제공한다.

Jindo

진도

32

- **기주(Base)** : 알코올 40% 진도 홍주(Jindo Hongju 40%)
- **기법(Technic)** : 셰이크(Shake)
- **글라스(Glass)** : 칵테일 글라스(Cocktail Glass)
- **장식(Garnish)** : 없음

| Recipe

- **알코올 40% 진도 홍주(Jindo Hongju 40%)** : 1oz (30ml)
- **크렘드 민트(멘떼) 화이트(Crème de Menthe White)** : 1/2oz (15ml)
- **청포도 주스(White Grape Juice)** : 3/4oz (22.5ml)
- **라즈베리 시럽(Raspberry Syrup)** : 1/2oz (15ml)

제8회차

| 순서

❶ 칵테일 글라스에 얼음을 넣어 차갑게 만든다(Glass Chilling).

❷ 셰이커에 얼음을 넣고(2/3 정도) 알코올 40% 진도 홍주 1온스, 크렘드 민트(멘떼) 화이트 1/2온스, 청포도 주스 3/4온스, 라즈베리 시럽 1/2온스를 지거를 사용하여 넣는다.

❸ 셰이커의 뚜껑을 닫고 15회 정도 흔들어 준다.

❹ 칠링한 글라스의 얼음을 비워내고 셰이커의 칵테일을 부어준다.

❺ 코스터(Coaster)를 깔고 그 위에 완성된 칵테일을 제공한다.

Pousse Cafè

푸즈 카페 33

- **기주(Base)** : 브랜디(Brandy)
- **기법(Technic)** : 플로트(Float)
- **글라스(Glass)** : 다리가 있는 리큐르(코디얼/푸즈카페) 글라스(Stemed Liqueur Glass)
- **장식(Garnish)** : 없음

| Recipe

- **그레나딘 시럽(Grenadine Syrup)** : 1/3part
- **크렘드 민트(멘테) 그린(Crème de Menthe Green)** : 1/3part
- **브랜디(Brandy)** : 1/3part

| 순서

❶ 리큐르 글라스에 그레나딘 시럽을 지거를 사용하여 1/3파트를 넣어 준다.

❷ 크렘드 민트(멘테) 그린 1/3파트를 지거에 먼저 담고, 바 스푼을 사용하여 글라스 림 부분에 걸친 후 천천히 부어 준다(층이 나야 함).

❸ 브랜디 1/3파트를 지거에 담고, 바 스푼을 사용하여 글라스 림 부분에 걸친 후 천천히 부어 준다(층이 나야 함).

❹ 코스터(Coaster)를 깔고 그 위에 완성된 칵테일을 제공한다.

* 온스가 아니라 파트임

B-52

비-오십이 34

- **기주(Base)** : 커피 리큐르(칼루아)(Coffee Liqueur)
- **기법(Technic)** : 플로트(Float)
- **글라스(Glass)** : 2온스 셰리 글라스(Sherry Glass)
- **장식(Garnish)** : 없음

| Recipe

- **커피 리큐르(칼루아)(Coffee Liqueur(Kahlua))** : 1/3part (1/3oz)
- **베일리스 아이리시 크림 리큐르(Bailey's Irish Cream Liqueur)** : 1/3part (1/2oz)
- **그랑 마니에르(마르니에)(Grand Marnier)** : 1/3part (3/4oz)

| 순서

❶ 셰리 글라스에 커피 리큐르(칼루아)를 지거를 사용하여 1/3파트(1/3온스)를 넣어 준다.

❷ 베일리스 아이리시 크림 리큐르 1/3파트(1/2온스)를 지거에 먼저 담고, 바 스푼을 사용하여 글라스 림 부분에 걸친 후 천천히 부어 준다(층이 나야 함).

❸ 그랑마르니에(마니에르) 1/3파트(3/4온스)를 지거에 담고, 바 스푼을 사용하여 글라스 림 부분에 걸친 후 천천히 부어 준다(층이 나야 함).

❹ 코스터(Coaster)를 깔고 그 위에 완성된 칵테일을 제공한다.

* 온스가 아니라 파트임

June Bug

준벅 35

- **기주(Base)** : 멜론 리큐르(미도리)(Melon Liqueur)(Midori)
- **기법(Technic)** : 셰이크(Shake)
- **글라스(Glass)** : 콜린스 글라스(Collins Glass)
- **장식(Garnish)** : 파인애플 웨지 & 체리(A Wedge of Pineapple & Cherry)

| Recipe

- **멜론 리큐르(미도리)(Melon Liqueur)(Midori)** : 1oz (30ml)
- **코코넛 럼(말리부)(Coconut Flavored Rum)(Malibu)** : 1/2oz (15ml)
- **바나나 리큐르(Bana Liqueur)** : 1/2oz (15ml)
- **파인애플 주스(Pineapple Juice)** : 2oz (60ml)
- **스위트 & 사워믹스(Sweet & Sour Mix)** : 2oz (60ml)

| 순서

1. 콜린스 글라스에 얼음을 가득 넣는다(Glass Chilling).
2. 셰이커에 얼음을 넣고(2/3 정도) 멜론 리큐르 또는 미도리 1온스, 코코넛 럼(말리부) 1/2온스, 바나나 리큐르 1/2온스, 파인애플 주스 2온스, 스위트 & 사워 믹스 2온스를 지거를 사용하여 넣는다.
3. 셰이커의 뚜껑을 닫고 15회 정도 흔들어 준다.
4. 스트레이너를 사용하여 녹은 얼음 물을 비워 내거나, 칠링한 얼음을 버리고 다시 새로운 얼음을 채워 넣는다.
5. 셰이커의 칵테일을 부어준다.
6. 아이스 텅을 사용하여 가니시 픽에 파인애플 웨지 & 체리 장식을 꽂아 글라스 안에 넣어 준다(림 부분에 꽂아도 됨).
7. 코스터(Coaster)를 깔고 그 위에 완성된 칵테일을 제공한다.

Virgin Fruit Punch

버진 프루트 펀치 36

- **기주(Base)** : 오렌지 주스(Orange Juice)
- **기법(Technic)** : 블렌드(Blend)
- **글라스(Glass)** : 다리가 있는 필스너 글라스(Footed Pilsner Glass)
- **장식(Garnish)** : 파인애플 웨지 & 체리(A Wedge of Pineapple & Cherry)

| Recipe

- **오렌지 주스(Orange Juice)** : 1oz (30ml)
- **파인애플 주스(Pineapple Juice)** : 1oz (30ml)
- **크랜베리 주스(Cranberry Juice)** : 1oz (30ml)
- **자몽 주스(Grapefruit Juice)** : 1oz (30ml)
- **레몬 주스(Lemon Juice)** : 1/2oz (15ml)
- **그레나딘 시럽(Grenadine Syrup)** : 1/2oz (15ml)

| 순서

❶ 다리가 있는 필스너 글라스에 얼음을 넣어 차갑게 만든다(Glass Chilling).

❷ 블렌더기 안에 오렌지 주스 1온스, 파인애플 주스 1온스, 크랜베리 주스 1온스, 자몽 주스 1온스, 레몬 주스 1/2온스, 그레나딘 시럽 1/2온스를 지거를 사용하여 넣는다.

❸ 글라스 안에 있는 얼음을 블렌더기 안에 넣거나, 분쇄된 얼음(크러시드 아이스)이 있으면 1스쿱 블렌더기 안에 넣는다.

❹ 조심해서 블렌더기를 작동시킨다.

❺ 블렌더기 안의 완성된 칵테일을 필스너 글라스안에 옮겨 담는다.

❻ 아이스 텅을 사용하여 가니시 픽에 파인애플 웨지 & 체리 장식을 꽂아 글라스 안에 넣어 준다(림부분에 꽂아도 됨).

❼ 코스터(Coaster)를 깔고 그 위에 완성된 칵테일을 제공한다.

Mai-Tai

마이-타이

37

- **기주(Base)** : 라이트 럼(Light Rum)
- **기법(Technic)** : 블렌드(Blend)
- **글라스(Glass)** : 다리가 있는 필스너 글라스(Footed Pilsner Glass)
- **장식(Garnish)** : 파인애플(오렌지) 웨지 & 체리(A Wedge of Pineapple(Orange) & Cherry)

| Recipe

- **라이트 럼(Light Rum)** : 1 1/4oz (37.5ml)
- **트리플 섹(Triple Sec)** : 3/4oz (22.5ml)
- **라임 주스(Lime Juice)** : 1oz (30ml)
- **파인애플 주스(Pineapple Juice)** : 1oz (30ml)
- **오렌지 주스(Orange Juice)** : 1oz (30ml)
- **그레나딘 시럽(Grenadine Syrup)** : 1/4oz (7.5ml)

| 순서

❶ 다리가 있는 필스너 글라스에 얼음을 넣어 차갑게 만든다(Glass Chilling).

❷ 블렌더 안에 라이트 럼 1 1/4온스, 트리플 섹 3/4온스, 라임주스 1온스, 파인애플 주스 1온스, 오렌지 주스 1온스, 그레나딘 시럽 1/4온스를 지거를 사용하여 넣는다.

❸ 글라스 안에 있는 얼음을 블렌더기 안에 넣거나, 분쇄된 얼음(크러시드 아이스)이 있으면 1스쿱 블렌더기 안에 넣는다.

❹ 조심해서 블렌더기를 작동시킨다.

❺ 블렌더기 안의 완성된 칵테일을 필스너 글라스 안에 옮겨 담는다.

❻ 아이스 텅을 사용하여 가니시 픽에 파인애플(오렌지) 웨지 & 체리 장식을 꽂아 글라스 안에 넣어 준다(림부분에 꽂아도 됨).

❼ 코스터(Coaster)를 깔고 그 위에 완성된 칵테일을 제공한다.

Piña Colada

피나 콜라다 38

○ **기주(Base)** : 라이트 럼(Light Rum)
○ **기법(Technic)** : 블렌드(Blend)
○ **글라스(Glass)** : 다리가 있는 필스너 글라스(Footed Pilsner Glass)
○ **장식(Garnish)** : 파인애플 웨지 & 체리(A Wedge of Pineapple & Cherry)

| Recipe

○ **라이트 럼 (Light Rum)** : 1 1/4oz (37.5ml)
○ **피나 콜라다 믹스(Pina Colada Mix)** : 2oz (60ml)
○ **파인애플 주스(Pineapple Juice)** : 2oz (60ml)

| 순서

❶ 다리가 있는 필스너 글라스에 얼음을 넣어 차갑게 만든다(Glass Chilling).

❷ 블렌더 안에 라이트 럼 1 1/4온스, 피나 콜라다 믹스 2온스, 파인애플 주스 2온스를 지거를 사용하여 넣는다.

❸ 글라스 안에 있는 얼음을 블렌더기 안에 넣거나, 분쇄된 얼음(크러시드 아이스)이 있으면 1스쿱 블렌더기 안에 넣는다.

❹ 조심해서 블렌더기를 작동시킨다.

❺ 블렌더기 안의 완성된 칵테일을 필스너 글라스 안에 옮겨 담는다.

❻ 아이스 텅을 사용하여 가니시 픽에 파인애플 웨지 & 체리 장식을 꽂아 글라스 안에 넣어 준다(림부분에 꽂아도 됨).

❼ 코스터(Coaster)를 깔고 그 위에 완성된 칵테일을 제공한다.

Blue Hawaiian

블루 하와이안 39

- **기주(Base)** : 라이트 럼(Light Rum)
- **기법(Technic)** : 블렌드(Blend)
- **글라스(Glass)** : 다리가 있는 필스너 글라스(Footed Pilsner Glass)
- **장식(Garnish)** : 파인애플 웨지 & 체리(A Wedge of Pineapple & Cherry)

| Recipe

- **라이트 럼(Light Rum)** : 1oz (30ml)
- **블루 큐라카오(큐라소)(Blue Curacao)** : 1oz (30ml)
- **코코넛 럼(말리부)(Coconut Flavored Rum)(Malibu)** : 1oz (30ml)
- **파인애플 주스(Pineapple Juice)** : 2 1/2oz (75ml)

| 순서

❶ 다리가 있는 필스너 글라스에 얼음을 넣어 차갑게 만든다(Glass Chilling).

❷ 블렌더 안에 라이트 럼 1온스, 블루 큐라카오(큐라소) 1온스, 코코넛 럼(말리부) 1온스, 파인애플 주스 2 1/2온스를 지거를 사용하여 넣는다.

❸ 글라스 안에 있는 얼음을 블렌더기 안에 넣거나, 분쇄된 얼음(크러시드 아이스)이 있으면 1스쿱 블렌더기 안에 넣는다.

❹ 조심해서 블렌더기를 작동시킨다.

❺ 블렌더기 안의 완성된 칵테일을 필스너 글라스안에 옮겨 담는다.

❻ 아이스 텅을 사용하여 가니시 픽에 파인애플 웨지 & 체리 장식을 꽂아 글라스 안에 넣어 준다(림 부분에 꽂아도 됨).

❼ 코스터(Coaster)를 깔고 그 위에 완성된 칵테일을 제공한다.

Boulevardier

불바디에

40

- **기주(Base)** : 버번 위스키(Bourbon Whiskey
- **기법(Technic)** : 스터(Stir)
- **글라스(Glass)** : 올드패션드 글라스(Old-fashioned Glass)
- **장식(Garnish)** : 오렌지 껍질 꽈배기(Twist of Orange Peel)

| Recipe

- **버번 위스키(Bourbon Whiskey)** : 1oz (30ml)
- **스위트 베르무트(버무스)(Sweet Vermouth)** : 1oz (30ml)
- **캄파리(Campari)** : 1oz (30ml)

| 순서

❶ 올드패션드 글라스에 얼음을 넣어 차갑게 만든다(Glass Chilling).

❷ 믹싱 글라스에 얼음을 넣고(2/3 정도) 버번 위스키 1온스, 스위트 베르무트(버무스) 1온스, 캄파리 1온스를 지거를 사용하여 넣는다.

❸ 바 스푼을 사용하여 15회 정도 저어 준다.

❹ 스트레이너를 사용하여 올드패션드 글라스의 녹은 얼음 물을 비워 내거나, 칠링한 얼음을 버리고 다시 새로운 얼음을 채워 넣는다.

❺ 스트레이너를 사용하여 믹싱 글라스의 완성된 칵테일을 올드패션드 글라스에 옮겨 담는다.

❻ 한쪽은 아이스 텅을 사용하고 다른 한쪽은 손(손가락)을 사용하여 ❺의 칵테일 위에서 오렌지 껍질을 꼬아 준 후 올드패션드 글라스 안에 넣어준다.

❼ 코스터(Coaster)를 깔고 그 위에 완성된 칵테일을 제공한다.

김지수

- 남부대학교 교육대학원 조리교육 석사
- 계명대학교 일반대학원 관광경영학과 관광경영학 박사
- 전) "gibson" – Flair Bar 대표
  CIDIC KOREA 빌리보우 스포츠 바 매니저
  DUbai marina Byblos hotel 『joseon restaurant and live music lounge』 flair bartender 근무
  Flair Moon Company(플레어문 컴퍼니) 대표
  Bar Flair Moon(바 플레어문) 대표
  조주기능사 실기 감독위원(한국산업인력공단 광주지역)
  전북과학대학교 호텔관광바리스타과 칵테일 & 와인 외래교수
  전남과학대학교 호텔커피칵테일과 칵테일 & 플레어 & 와인 겸임/외래교수
  경남도립남해대학교 호텔조리제빵과 칵테일 외래교수
  영진전문대학교 국제관광조리계열 칵테일 외래교수
- 현) 경남도립남해대학교 관광과 칵테일 & 와인 외래교수
  계명문화대학교 호텔항공외식관광학부 칵테일 & 와인 외래교수
  음료 창작소 와인과 칵테일 대표
  대한관광경영학회 학술이사
  대한칵테일조주협회 이사

저서 및 논문

- 칵테일 바 스토리텔링 메뉴가 고객만족 및 구매의도에 미치는 영향에 관한 연구(6대 증류주 메뉴 중심으로). 2017
- 고객불량행동이 칵테일 바 종사원의 직무스트레스와 이직의도에 미치는 영향 : 마음챙김의 매개효과를 중심으로. 2020
- 칵테일 바 이용객의 불량행동에 대한 종사원의 마음챙김 요인이 직무스트레스와 이직의도에 미치는 영향 연구. 2021

기타

- 2013 WFA Soyombo & ARKHIVodka 한국바텐더 챔피언십 대구예선 심사위원
- 2015 Skyy Vodka Master Challenge(Classic & Flair) BARSTYLEZ 아시아바텐더대회 국가대표 선발전 Flair예선 심사위원
- 2016 전국 녹차음료 창작대회 칵테일(목테일 & 플레어) 심사위원
- 2017 비주얼칵테일페스티벌 대회 플레어 심사위원
- 2018 대구치맥페스티벌 맥주창작칵테일 경연대회 BARTENDER CHAMPIONSHIP FLAIRROUND – 총괄 및 사회(심사)
- 2018 COCKTAIL SHOWDOWN – 플레어 심사위원
- 2018 KOREA 월드푸드 챔피언십 – 칵테일 심사위원
- 2019 대한민국 국제요리 & 제과 경연대회 – 칵테일 심사위원
- 2019 Korea 월드베버리지 챔피언십 – 칵테일 심사위원

조주기능사 실기

2021년 11월 20일 초 판 1쇄 발행
2023년 1월 20일 개정판 1쇄 발행
2024년 10월 10일 개정판 3쇄 발행

지은이 김지수
펴낸이 진욱상
펴낸곳 (주)백산출판사
교 정 박시내
본문디자인 신화정
표지디자인 오정은

등 록 2017년 5월 29일 제406-2017-000058호
주 소 경기도 파주시 회동길 370(백산빌딩 3층)
전 화 02-914-1621(代)
팩 스 031-955-9911
이메일 edit@ibaeksan.kr
홈페이지 www.ibaeksan.kr

ISBN 979-11-6567-600-1 13570
값 18,000원